U0088284

NEGOTIATION AND COMMUNICATION

談判與溝通

NEGOTIATION AND COMMUNIC
GOTIATION AND COMMUNICAT

永續圖書線上購物網
讀品文化事業有限公司

www.foreverbooks.com.tw

yungjiuh@ms45.hinet.net

無限系列 02

談判與溝通

編　　譯　讀品企研所
出 版 者　讀品文化事業有限公司
責任編輯　陳柏宇
封面設計　姚恩涵
內文排版　王國卿

總 經 銷　永續圖書有限公司
TEL ／(02)86473663
FAX ／(02)86473660
劃撥帳號　18669219
地　　址　22103 新北市汐止區大同路三段 194 號 9 樓之 1
TEL ／(02)86473663
FAX ／(02)86473660
出 版 日　2018 年 01 月

法律顧問　方圓法律事務所　涂成樞律師
CVS 代理　美璟文化有限公司
TEL ／(02)27239968
FAX ／(02)27239668

國家圖書館出版品預行編目資料

談判與溝通／讀品企研所編譯.
--初版. --新北市：讀品文化, 民 107.01
面； 公分. --（無限系列：02）
菁英培訓版
ISBN 978-986-453-065-6 (平裝)
1. 商業談判 2. 談判策略 3. 溝通技巧
490.17　　106022392

前言

英國管理學家尼爾・格拉斯指出：「看看大多數西方國家中三十%～五十%的離婚率就知道我們的談判技巧仍有待改進。」

「溝通」，是管理活動和管理行爲中最重要的組成部分，也是企業和其他一切管理者最爲重要的職責之一。人類的活動中之所以會產生管理活動，是因爲隨著社會的發展，產生了群體活動和行爲。而在一個群體中，要使每一個群體成員能夠在一個共同目標下，協調一致地努力工作，就絕對離不開「有效的溝通」。在每一個群體中，它的成員要表示願望、提出意見、交流思想，而群體的領導者要瞭解下情、獲得理解、發佈命令等，這些都需要有效的溝通。因此，組織成員之間良好有效的溝通是組織效率的保證，而管理者與被管理者之間的有效溝通是一切管理藝術的精髓。成功的談判，進行有效的溝通更是一門學問，也是一種藝術。市場是千變萬化的，在課堂上，從教科書裏學到的知識畢竟有限，要想成爲高手，還需要廣泛閱讀，不斷提高管理素質及水準。

這是一本能幫助你成爲談判和溝通高手的實用參考書。書中闡述的是成爲管理高手所必備的成功基礎知識。它既是社會各界掌握工商管理高級技能的通俗性文獻，又是攻讀的輔助性教材，同時也是的簡明自修讀本。

必須強調：一個合格稱職的人才絕不應該只會死讀書本知識，而是應該在實踐中提高運用理論知識獨立分析和解決問題的能力。

目錄

目錄

第二章 談判實戰技巧

第三章 在談判中追求雙贏

第四章　全面發展你的溝通技巧

第五章 有效溝通、增進瞭解

第六章 化解矛盾，讓別人願意與你合作

第七章　爭論、批評和說服

菁英培訓版
MEMO

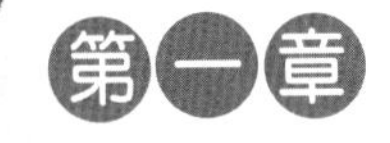

第一章

談判基本策略

- ♠做一個精明能幹的談判人員
- ♠工欲善其事，必先利其器
- ♠臨場發揮的技巧
- ♠採取適當的策略，有方向性地打破談判僵局

做一個精明能幹的談判人員

業務談判絕不是坐在談判桌前，面對面地說話或簡單地交換意見，既不是你講你的條件，我講我的原則，更不是各持己見，吹鬍子、拍桌子、大眼瞪小眼地大吵大鬧……

業務談判是一幕精心策劃的戲劇，需要積極的準備和非常藝術的斡旋。業務談判人員須博學多才，具有極高的涵養，有超人的豐富想像力、敏銳的洞察力、有勇於搏命的精神、頑強的意志和毅力。

一旦他們坐到談判桌前，談判就成爲彼此的尊重，並在此基礎上展開智勇較量，但最終目的不是誰壓倒誰，也不是想置對方於死地，而是爲了調整和妥協，讓雙方都能獲得或滿足己方的基本要求，達成一致的理想。

他們以真正最高境界的積極行爲來建立一個共同的理想，以達到最佳的目標。

一、正確認識商務談判的特點

作為一種有意識的社會活動，談判具有以下幾個特點：

⑴談判是一個透過不斷調整各自需求，最終讓談判雙方的需求相互得以協調，互相接近進而達成一致意見的過程。

比如，在一家服飾店內，瑪麗正為了購買一條褲子而與店主殺價，店主根據貨物買賣的常規做法，首先開價一百六十元，瑪麗要求老闆把價格壓低。店主又一次要價一百五十元，並且強調這已是合理價。瑪麗說了自己的價格為一百三十元，最後雙方以一百四十元成交。

可見，在這場談判中，買賣雙方都是透過不斷調整各自的報價而讓價格相互接近，最後在一百四十元這個價格點上達成利益的平衡。需注意的是，利益上的平衡不等於利益上的平均，而是雙方各自在內心裡所能承受的平衡。任何單方面的「讓」或「取」都不能被看成是談判。

⑵談判具有「合作」與「衝突」的雙重特性，是「合作」與「衝突」的對立統一。談判的合作性表現在透過談判而達成的協定對雙方都有利，雙方利益的獲得是互

爲前提的。而談判的衝突性則表現在談判雙方希望自己在談判中獲得最大的利益，爲此進行積極的討價還價。

爲了有效地解決談判中的這種矛盾，首先必須對此有深刻的認識，其次在制定談判的戰略方針、選擇與運用談判策略和戰術時，就必須注意既要不損害雙方的合作關係，又要盡可能爲我方謀取最大的利益，即在這二者之間找到一個平衡點。

在實際談判過程中，這個平衡點不是所有參與談判的人員都能找到的。執行中，我們常常會看到有些洽談人員只注意到談判存在合作性的一面，而忽視談判的衝突性，十分害怕與對方發生衝突，當談判因衝突而陷入僵局時茫然不知所措而對於對方提出的意見和要求，只是退讓和承諾，不敢據理評價和反駁，不敢正當積極地爭取自己的利益。

如果遇到那些善於製造衝突、樂於經由戰略取勝的強者談判對手，則常常會吃虧受損。與此相反，有的洽談人員只注意談判衝突性的一面，而忽視合作性的一面，視談判爲一場你死我活的戰鬥，只講究一味地進攻，甚至最終將對手逼出談判會場外，回過頭來看自己也是徒勞無功。

我們說，對於洽談人員來說，應該提倡在合作前提下達到利益最大化，即在讓對方透過談判有所收穫的同時，使自己獲得更多的收穫。亦即所謂「合作的利己主義」做法。

(3)對談判的任何一方來說，談判都有一定的利益界限。對此，美國談判學會會長有這樣一段精采的論述：「洽談人員的目光不能只侷限在『再多要一些』，當接近臨界點的時候，必須清醒警覺，毅然決斷，當止即止。參與談判的每一方都是應該有某些需要得到滿足的，如果把其中任何一方置於死地，那麼最終大家都將一無所得。」這段話意在告訴人們，參與談判的人員應該注意掌握彼此的利益關係，明確利益界限。

瞭解和掌握談判的利益界限問題是非常重要的。在談判中必須滿足談判各方的最低需求，不能一味的要對方讓步，自己也不能無止境地退步，否則最終會因對方退出而喪失自己可能到手的利益。這就是人們常說的在談判中要掌握住進攻的「尺度」。掌握住成交的時機是非常關鍵的，對「尺度」的恰當掌握，是衡量談判者在談判中作用大小的重要指標。

當然，具體談判各方所得利益的確定，完全取決於談判各方的實力和談判的藝術與技巧的運用。也就是說，談判前人們是無法準確預計談判的結果的，無法根據某些規則具體計算出彼此之間最後所得的利益。最終如何劃分談判的總利益，完全決定於雙方的談判實力對比，以及談判的藝術技巧發揮。

(4)談判既是一門科學，又是一門藝術，是科學與藝術的一體兩面。首先，談判作爲人們協調彼此之間的利益關係、滿足各自的需求並達成一致意見的一種行爲和過程，談判人員必須以理性的思維對所涉及到的問題進行系統的分析和研究，根據一定的規律、規則來制定方案和對策，這就充分地表現談判的科學性的一面。

其次，談判是人們的一種直接交流活動，洽談人員的素質、能力、經驗、心理狀態以及思維的運用，都會直接影響談判的結果，具有難以預測性。同樣的談判內容、條件和環境，不同的人去談判，其最終結果往往會不同。這就是談判的藝術性表現。

對於一個談判者來說，在談判中既要講究科學，又要講究藝術。也就是說，在涉及到對談判雙方實力的認定、對談判環境因素的分析、對談判方案的制定以及對交易條件的確定等這些問題時，則更多地表現出談判科學性的一面，而在具體的談判策略與戰術的運用上，比較多地表現了談判的藝術性的一面。「科學」告訴我們在談判中如何做，而「藝術」則幫助我們把談判做得更好。

商業談判除了具有上述談判的共同性特點外，還具有其個性特徵：

⑴所有的業務談判均以經濟利益爲目的，這是業務談判的一個典型特徵。我們知道，人們所以要坐下來進行談判，就是因爲各自有一定的需求要得到滿足。參與談判的雙方，其目的或需求是不盡相同的。業務談判的目的就是要獲得經濟上的利益。在具體實際的談判中，有的洽談人員可能會調動和運用各種因素，運用各種戰略及戰術，有的甚至運用許多非經濟的因素來影響談判。但是不管怎樣，其最終目的仍然是經濟利益的驅使，目標仍然是經濟利益。

⑵所有的業務談判均以價格作爲談判的核心。儘管業務談判所涉及的因素不僅僅是價格，價格只是談判的內容之一，而且談判者的需求或利益也不唯一表現在價格，但價格卻在幾乎所有的業務談判中扮演著核心內容的角色。這主要是因爲雙方經過談判最後經濟利益的劃分，可直接透過價格表現出來。

談判各方在其他利益因素上的得與失，擁有的多與少，在多數情況下均能折算爲一定的價格，透過價格的升與降得到表現。例如，質量因素：不同等級的產品，標誌產品質量上存在差別，其價格當然有所不同。又比如，數量因素：「買的數量多就能議價」是人們習慣的做法，買一雙襪子需要三十元，二雙則只要五十元，這就是透過價格差將數量差折算了出來。

另外，像付款時間因素、交易方式因素等等，都可折算爲價格因素。但是，這樣的折算並非在任何時候都能行得通，也就是說，有些時候洽談人員並不一定願意接受這種折算。

在談判中，對於一個業務談判人員來說，瞭解價格是業務談判的核心，價格在一定條件下可與其他利益因素相折算這點很重要。因爲我們一方面要以價格爲中心，堅持自己的利益，另一方面又不能僅僅侷限於價格，可以拓寬自己的思路，從其他利益因素上爭取利益。

有時，在其他利益因素上要求對方讓步可能比從價格上爭取對方讓步更容易做到，並且比較隱蔽自己的行動，是精明的洽談人員習慣的做法。

(3) 講求洽談的經濟效益。業務談判本身就是一項經濟活動，而經濟活動本身要求講究經濟效益。與其他政治、軍事類談判相比，業務談判更重視這點。在業務談判中，談判者時時刻刻必須注意談判的成本和效率如何，也就是必須考慮效益問題。事實上，經濟效益是評價一場商務談判是否成功的主要指標，不講求經濟效益的商務談判，談判本身就失去了價值和意義。

二、掌握商務談判的基本原則

有人認為，談判的成功與否完全取決於談判者綜合水準的發揮和技巧的運用，沒有什麼必須遵循的原則可言。也有人認為，只要談判能夠達到自己預期的目的，可以不擇手段，更談不上什麼原則不原則的。這些看法顯然是偏激的，談判是有原則可循的。一般來說，商務談判應遵循下列基本原則：

☑客觀真誠的原則

有人認為「生意場上無父子」，談不上「客觀真誠」。其實不然，事實無數次地告訴人們，任何憑自己主觀意志從事，或是有誘惑、甚至欺騙做法的商人，均會得到相對的經濟懲罰。這種懲罰，有的來自法律，有的來自社會。談判取得成功的首要原則就是要遵循客觀真誠的原則，也就是要服從事實。為了確實地做到客觀真誠，應從以下幾個方面著手：

(1)掌握第一手資料，用事實說話。俗話說：事實勝於雄辯。為了讓談判時我方有充足的根據，首先應從事實情況著手，全面搜集訊息和資料。在充分估計和評價了自己談判實力的基礎上，要詳細調查對手的情況，包括企業發展的歷史、現狀、企業實力和信譽、地域特點、文化習俗、談判風格、談判目標等，在此基礎上，再評價對手的談判實力。談判中還要進一步審核自己掌握的情況與對手提供的情況，以便判斷虛實、幫助決策。

其次，要結合談判與實際情況，分析已有資料和訊息，找到對自己洽談較爲有利的突破。如果洽談時對方脫離實際，或者掩蓋事實真相，我們就可利用自己已掌握的情況揭開這層「面紗」，用事實說話，採取對策。

另外，還要掌握一些客觀性標準，以備洽談時作爲自己的有力「武器」。比如國際慣例、談判的先例、科學的資料、法律規定、公認的計算方法等等，都是需要掌握的客觀性標準。

(2)信譽是業務談判最終成功之本。信譽較好的企業，人們就願意和其做生意。凡事要講信譽，業務談判的信譽更是必須遵守的原則，這就需要談判雙方嚴格遵守談判所達成的協定，信守諾言，真正做到「言必信，行必果」。其實，當我們真誠希望對手能守信譽時，我們自己應首先做到這點，並讓對方感受到我們的信譽是至上的。

☑平等互惠的原則

平等互惠的原則是業務談判活動中必須遵循的一項重要原則。本著平等互惠的原則出發，有助於企業和外界建立良好的業務往來關係，是維持長期業務關係的保障。

(1)談判的雙方沒有高低貴賤之分。參與談判的團體、組織或個人，只要大家有能力、有誠意，並且帶著共同合作的意願坐在一張談判桌上，那麼都是平等的，沒有高低貴賤之分。大企業儘管實力強，在與小企業或個人進行洽談時，雙方的地位也是平等的，這是洽談的一個前提條件。任何憑藉自己或他人的權勢，在談判桌上壓制對方的做法都是不可取的，除非你自己想趕走對方，否則一定要將自己高高在上的權威放下，才有可能繼續談判。

(2)談判雙方的需求都要得到滿足。因爲需求，才讓談判雙方聚在一起，也正是因爲彼此需求上的分歧，才讓大家坐下來進行交流。因此，成功的談判就是要在談判結束後，各自的需求都有所滿足，這就是談判的互惠原則。

談判中不作任何讓步是不可能的，因爲互惠的原則告訴我們，談判的某一方在某一問題上的讓步，就是另一方在該問題上的需求；而對於接受讓步的一方，他也會在其他問題上做出讓步才能得到這次需求。此所謂互惠原則的本質。只有充分認識並做出讓步才能換取自己的真正需求。

☑同中存異的原則

洽談作爲謀求一致而進行的協商活動，參與洽談的雙方一定蘊藏著利益上的一致和分歧，因此，爲了實現談判目標，談判者還應遵循同中存異的原則：即對於一致之處，達成共同協定，對於一時無法彌合的分歧，不求得一致，允許保留意見，以後再談。

爲了確實地遵守這項原則，應從以下幾個方面著手：

⑴要正確對待談判雙方的需求和利益上的分歧。要記住，談判的目的不是擴大矛盾，而是消彌分歧，讓雙方成爲謀求共同利益、解決分歧的夥伴關係。

⑵要把談判的重點放在探求各自的利益上，而不是放在對立的立場觀點上。任何從對立的立場出發的強硬做法都是沒什麼好結果的，只有將談判重點放在探求各自的利益上，透過利益的揭示，才能調和矛盾，達成協定。

⑶要在利益分歧中尋求相互補充的契合利益，達成能滿足雙方需求的協定。表面上看，參與談判的雙方，其價值觀、需求、利益的不同會帶來談判的阻力。事實上並非如此，正是由於利益需求上存在分歧，才使得雙方可能在利益需求上相互補充、相互滿足，此所謂談判雙方的互補效應和契合利益，是行之有效的。

☑公平競爭的原則

談判主張合作與一致，但不是不講競爭。所謂公平競爭原則就是主張透過競爭達到一致，透過競爭形式的合作達到互利，透過競爭從對方承諾中獲得自己的利益。這種競爭是指公平的競爭、合法的競爭、道德的競爭。因此公平競爭原則要求：

(1)雙方具有公平的提供和選擇的機會。雙方在談判過程中，為了解決矛盾，一定會各自提出許多方案，那麼雙方在提供方案時，機會是均等的，不能說一方條件優越就由那一方提供方案，或者一方實力強就由這方獨攬，這是公平競爭原則予以堅決反對的做法。另外，在具體選擇方案時，雙方具有平等的選擇權利和機會。尊重雙方的選擇權，選出最佳的方案，滿足雙方的需求。

(2)協定的達成與履行是公平的。公平競爭原則要求達成公平的協定。所謂公平協定即指雙方都感到最大限度地滿足了自己的利益需求。

另外，在履行協定上，雙方都具有公平的義務和責任，不是說某一方可以自行決定某些做法，比如更改協定，或不按協定履行等等，都是不允許的。除此之外，公平競爭原則還要求競爭者的地位一律平等、雙方所採用的標準也必須公平等等。

☑講求效益的原則

講求效益是談判必須遵循的一個原則問題。人們在談判過程中，應當講求效益，提高談判的效率、降低談判成本，這也是經濟發展的客觀要求。

科學技術的發展可謂日新月異，新產品從進入市場到退出市場的週期縮短。因此，企業往往在產品還沒有上市之前就開始進行廣泛的供需洽談，想儘早打開市場，多贏得顧客，以取得較好的經濟效益。這就從客觀上要求業務談判人員要講求洽談效益，提高洽談效率。

對從事新上市產品業務談判的業務人員來說，如果能夠準確地掌握經濟訊息，瞭解市場動態，講求洽談的效益，提高效率，就會擁有廣闊的銷售市場。

除了上述基本原則外，業務談判還應遵循理智靈活的原則、最低目標的原則等等。

三、瞭解談判的風格和方法

談判的風格有很多種。管理者選擇哪一種，實際上更多是個性和個人偏好的問題。它們都可能是有效的，也可能都是失敗的。

☑惟我獨尊型

在這種談判風格下，談判者只考慮自己優先要解決的問題和關心的問題，以致於完全忽視了對方的觀點和願望。它常常被稱作「固執己見」的談判。談判者希望自己獲勝而對手失敗，他想讓對方盡可能做出每一次讓步。這種風格有時能起作用，但是談判者必須做好準備：不是得到一切，就是一無所獲。它最好用在高級管理者處於一個非常有力的位置的時候，或者對手極其迫切地想達成協定的時候。

☑雷聲大雨點小型

在這種談判模式中，談判者也採用前面那種風格中所擺出的強硬姿態，但是完全希望在對話的後半部分做出讓步。這仍舊是一位完全從輸贏的角度來考慮談判的談判者。他在同意對最開始的要求做出改變之前，打算讓對手做出所有的讓步。對手正在受到檢驗，如果他是「軟弱」的，那麼用不著什麼讓步了。這種風格有點像玩一種相互威嚇、挑戰的遊戲，看誰會先退縮。問題是，對手有時會被激怒而退出談判。

☑非零起點型

這是一個有趣的、有時非常有效的戰略。談判者先走了一步或者到達某個位置，而這事先沒有得到另一方的同意，他企圖從那一點上開始談判，而不是從零開始。這種戰略，類似在發令員的槍響之前就開始起跑。一些大膽的高級管理者有時會採用這種戰略與高級管理階層談判，特別是當他們爲一個官僚機構工作的時候，這種情況下最好是請求原諒而不是獲得同意。

這種風格要求大膽敢爲（如果你處在另外一方，就會被認爲是傲慢自大），有時也會對使用者有所不利，但是如果不這樣，生意可能就做不成。

☑針尖麥芒型

在這種風格中，談判者真的想達成一個使雙方利益最大化的協定。如果對方也採取這種態度，談判就能取得最佳效果。談判者盡力做得像個法官，同時希望對方也這麼做。他們每一方都儘量看到對方的問題，然後提出能讓雙方滿意的解決方案。這種方法應採取良好的誠意，並且把問題當作阻礙雙方關係的障礙物。

因爲它照顧到了雙方的利益，所以這種談判方式能夠帶來長期的關係。那些固執己見的談判者可能贏了幾個回合，但是不會有太多的機會再次與相同的對手進行談判。如果談判者能夠儘量去理解對方，承認並且盡力解決分歧，常常會成爲長期的「贏家」。

☑以退為進型

對於對方想要的一切都做出讓步，這是種非常成功的談判風格。現在退讓會給另外一方施加壓力，迫使他行動。如果這時提出讓步要求的一方退縮的話，就會被認爲缺乏誠意。

管理者在與高級管理階層談判時常會採用這種方法，它常常是唯一的、精明的權宜之計。「退」是在合適的條件下所採用的一種可行的談判策略，高級管理者必須學會辨別什麼時候「退」，才是正確的談判方案。

四、發現和利用自己的優點

教練都清楚知道哪些因素構成運動員的運動爆發力、速度、力量、耐力、手眼協調性、技巧和快速反應。即使一些體育愛好者也知道什麼是優秀運動員的特殊能力。這與對高級談判人才的要求沒有太大差別。精明能幹的談判人員應該具備下列特性：

☑爭取被人喜歡而不是求別人喜歡

被對手喜歡和求對手喜歡是兩碼子事。你的智慧、魅力、誠實、幽默是強大的吸引力量，促使別人喜歡你。如果對手喜歡你，即使他們有路可走時，也常常會向你讓步。求人喜歡是一種弱點，滿足這種需要往往會犧牲談判的利益。這種人很容易被誘惑，他們寧願把錢扔在談判桌上，也不想冒犯對手。老練的談判者從來不會讓私人感情影響他們的利益要求。他們清楚地明白，這裡是商場而「商場如戰場」。

☑意志堅強，隨機應變

塞夫·巴里斯特雷斯是有名的搏命型高爾夫球運動員。他常常在極爲不利的情況下，救起一些意想不到的險球，令許多球員自歎弗如。談判也是如此，如果談判桌上基本形成定局，許多談判人員就會失去信心。他們沒有意識到，在談判過程中，談判局面能夠隨時改變。優秀的談判者知道如何對付各種不利局面，如何隨機應變，以扭轉困境。

但是，令人遺憾的是，有些談判者無法忍受談判中這種混亂、不明朗的局面。他們無法隨機應變，而是頑固地堅持自己的原有立場，結果就會不可避免地眼睜睜地看著競爭對手搶走自己的生意。

☑誠實

談判者的誠實就像體育運動員的協調性，它不可能一下子就爲人所理解，而是需要一個認識過程。它是你的一大優點。如果談判對方知道了你的誠實，他們就會非常樂意接受，放鬆對你期限的要求。如果你沒有這個優點，就很難把對方請到談判桌前。

☑千萬不要不懂裝懂

最聰明的人未必是最優秀的談判者。事實上，他也有可能是最差勁的談判者，尤其當他自以為無所不知，從不請教別人的時候。在每次談判前，你都應該提醒自己，談論每個問題你都要從零開始，不要不懂裝懂。即使在你真正懂得的領域，你也要裝成不懂的樣子。如果談判的對方想當然地理解問題，你就會對他提出反駁意見，當對方說清楚後，你會得到意想不到的收穫。

不要裝成最聰明的好處是，它會讓對方保持心態的平衡。他們不知道你究竟懂什麼、懂多少，所以常常願意給你更多的東西。

曾經有一位大學籃球教練講述他在賓夕法尼亞州招收一名籃球新秀的故事。他看到這名年輕人在全州比賽上的表現十分突出，就拜訪了年輕人和他的父親。教練說，儘管全額獎學金名額有限，但是他決定給年輕人提供部分獎學金，請年輕人到他所在的大學讀書，參加他的籃球隊，年輕人和他的父親一句話也沒說。

儘管教練曾經成功地和許多精明的父母、體育運動員談過獎學金問題，但是這回，年輕人和他父親的沉默動搖了他的決定。他沒有料到自己竟然無法說服一名十七歲的孩子，於是，他把獎學金提高到全額獎學金。

後來，他得知，年輕人的沉默不是討價還價，而是因為害羞的緣故。他父親的沉默，則是因為無知的緣故。因為教練最初的承諾已經很慷慨大方了，他們當時真不知說什麼才好。

☑熱愛談判

一名網球運動員可能具有種種特殊的專長，可是如果他不熱愛網球，他就永遠不會成為一流的網球明星，這點與談判者相同。有人可能具有上述四種談判優點，但是他們本身卻討厭談判，他們的談判水準永遠就不會超過那些熱愛談判的人。

有一位很好的談判者，他是一位極為成功的企業家，他認為任何事情都可以談判。他為了買支手錶也要進行激烈的討價還價，注入的熱情，相當於談判幾百萬美元的大生意。在飯店裡吃飯的時候，他會為了一碟小菜和別人爭論半天——因為已經養成了凡事都要討價還價的習慣。

然而，對於任何談判人員來說，這都是最為重要的一點。談判應該成為談判人員最為熱愛的事情，就像運動員熱愛專業運動一樣。有些人一直熱愛談判，所以會成為優秀的談判人員。

所有的人都有一種性格特徵，有利於談判推銷，關鍵在於他們自己怎麼去發現和利用。在下面幾種性格特點中，任何一種都能使一名普通的談判人員成為偉大的談判高手。

☑耐心

耐心是一項優秀的性格特點。在談判中，它又是一種銳利的武器。耐心常常使平庸的談判變成偉大的談判。缺乏耐心常常讓人失去到手的賺錢機會。

有一名經理，他最大的弱點就是沒有耐心。他喜歡交易，如果達不成交易，他就不下談判桌。他從來不等第二次談判，即使等待的結果是更加有利的局面。爲了談成交易，他寧願開價十美元，也不願意等待以後五十美元或者一百美元的成交機會。他雖然做成了許多專案，但基本上沒有一個是賺錢的。

他的繼任者和他恰好形成鮮明對比。繼任者從不害怕要高價，也不害怕終止談判，等上一個月，再重新談判。如果條件能提高，內容更誘人，他有足夠的耐心等待第二次、第三次甚至第四次談判。他做成的專案不多，但創造的利潤卻比前者多出許多倍。

如果在談判中你比對手更善於等待，那麼你就會是最後的贏家。

☑語言清楚

有些人利用含糊不清的話語作爲談判的手段。他們故意把話說得模糊不清，以迷惑談判對手，進而讓自己佔據有利地位。但是更有可能的結果是，當他和對方結束談判時，對方對他們的意思仍然模糊不清。

相反，另外有些人的最大優點就是能夠清楚簡明地表達自己的意思。爲了說明一個問題，別人需要寫兩頁紙，他們只需要寫一段文字。他們甚至不是傳統意義上的談判者，既不反對對手，也不威脅對手；既不狡猾，也不做作；甚至經常不認爲自己是推銷員或談判者。他們只是清晰地、合乎邏輯地說明自己的事情，使事情易於爲人理解。這種談判的結果，往往比他們想像的還要成功。

只要你能出色地與人交談，你就是一名成功的談判者。

☑掌握細節

通常在談判中，最有說服力的人就是最能掌握細節的人。如果你掌握了某一特定領域內的所有情況，超過任何一個人，那麼你的談判水準可能比任何人都高。

☑管理經驗豐富

管理經驗也是一種談判武器。例如，某公司的一名經理，他非常熟悉日常管理的細節和費用。他的談判特點是，在任何交易中，能夠準確地掌握交易的成本、價格和利潤。比如，另一位主管認爲他們從一樁交易中能收入五萬美元，卻沒有認識到成本就得花五十一萬美元。而這位經理在提到任何一個價格前，對相關的成本總是非常清楚。他利用日常的管理經驗和工作背景，非常敏銳地掌握著價格。所以，他比任何人都清楚費用成本和價格，也是談判的一個有利條件。

☑「主要」和「次要」都要重視

每次談判都分主要問題和次要問題，有趣的是，通常是由於次要問題造成談判破裂。在談判中，不僅要注意次要問題，而且要仔細考慮對方爲什麼一再堅持它們。這樣做能使你瞭解到對方的真實企圖，最終可以解決你的問題。

談判時，你應該不要只重視交易的主要條款，比如銷售價格，付款時間，卻忽略了次要條款。即使這些次要條款看起來沒有什麼重要，或者當時顯得有點奇怪，也沒有誰提醒你注意，你也應該密切重視。

五、掌握談判成功的五大黃金法則

☑欲速則不達

無論談判的內容爲何，切不可急於求成。沒有耐心、急於求成，可能會付出更多的代價，甚至還無法成交。在談判過程中，有太多的事情需要靠時間來解決。洽談人員在開始的時候，往往都有種不太實際的想法，希望能順利地實現自己的目標，但磋商的過程卻常令他們不得不面對現實，回到馬拉松式的討價還價的談判中。

在談判中急於求成的表現形式主要是：買主表現於急需買，賣主表現出急需脫手。只要表現出「急」，在談判中就會處於不利的地位，就會被對方予取予求。有時滔滔不絕地說，想讓對方馬上相信自己的事實和觀點，反而會引起對方懷疑，效果不好。這主要是由於對方受逆向心理的影響。如果採取「信不信由你」的態度，效果反而更好，對方反而能輕鬆自然地考慮你的意見，不會存在著戒心。

在商務談判中一定要有耐心，耐心是爭取時間最好的辦法，它同時也會給予對方適當的時間來適應新的條件，進而調整方案，使雙方發現最有利的解決辦法。有足夠的耐心，有足夠的時間，才會從容不迫；對對方有足夠的瞭解，才有利於達成最佳的協定。

靈活地使用下列方法會對你參與談判很有幫助：

(1)回答問題以前，先讓對方把問題說清楚。在緊要關頭，藉口上洗手間也是一個不錯的方法。

(2)以搜集資料爲由，不要立刻提出有支援作用的證據或文件。

情。

(3)臨時替換談判小組的成員。

(4)以不知道爲託辭，或以一時找不到專家顧問爲藉口，以爭取更多的時間瞭解內情。

(5)先計劃好如何對付對方可能提出的問題。如把所有的問題引向領導者，讓其他人有較多的思考時間。

(6)提供一大堆資料讓對方埋頭研究。

(7)派出一個活躍分子，雖然對所有事情瞭解不多，卻能談起來頭頭是道。

(8)預先安排一個打岔的機會，如安排一個重要的訪問者或電話，在緊急關頭介入。

(9)請第三者居中翻譯或解釋。這個第三者是專門技術人員、律師、翻譯員或是另外見多識廣之人，能掌握談判的節奏，在適當時候能使事情進行的速度降下來。

(10)如果在談判中遇到難以解決的問題，可以不時地休會，召集己方人員共商對策。有時間思考的人，會想得更周到，會把事情做得更好。談判的真正會晤時間一般很短，而休會期通常較多。某一次提出的問題，有時甚至要用一定時間來回答它。迅速達成協定是較少見的，特別是鉅額交易談判。

☑利益和壓力並用

洽談人員不僅要對自己的情況瞭如指掌，而且應該清楚所提的建議能給對方帶來什麼利益，並且最好把能給對方帶來的利益用具體的數字清晰地呈現。如果你只是說「我們產品的價格絕對優惠」，「我們產品的品質絕對沒問題」，這恐怕起不到什麼作用，因爲這些話顧客都已經聽膩了，而且會認爲你是誇大其詞。

如果你說，「您購買了我公司的設備後，一年即可回收投資成本，第二年即可獲利一百萬元。」「我們的產品永久免費維修，將免去您的後顧之憂。」然後你再提出一些數字或事實來加強你的說服力，效果肯定就會好得多；同時還可以告訴對方，如果對方不做這筆生意，將會有什麼損失。給對方一些壓力。

作爲買方，則可對比照各家供應商的產品和價格等條件，擇優選擇，把某些有利的訊息適當地透露給比較中意的賣方，製造他的競爭對手，以形成一定的市場壓力，迫使對方向自己的意願妥協。如果你是買主，就可以告訴你的賣方一些關於他的競爭者的情況，主要是指哪些產品品質比他高、或產品價格比他低、或提供條件比他優越的賣主，說明正有很多賣主準備供應你所需商品，給你的對手造成一種緊張的氣氛。

如果你是賣主，也可採取類似的方法，例如透露一些提供產品比你低、或價格比你高、或提供條件比你差的同行的情況給買主。還可以製造有很多買主來購買你的產品的情形，給人產品暢銷、存貨不多、欲購從速的印象。

☑以退為進

「先讓步」可消除對方的緊張和疑慮，產生善意並創造出活躍、和解的氣氛，同時還能爲你在稍後向對方提出互相讓步的要求，而又不暴露自己的弱點，以創造一個契機。該方法有別於其他以讓步爲基礎的方法，其特點在於做出讓步時，並未要求對方同時或馬上給予相同的讓步。

「以退爲進」一般限於談判開場時所用，也可適用於綜合性談判中的某個專項議題的開場談判。但它只限於談判的一定的場合和階段，必須與其他戰術相結合運用。

運用「先讓步」技巧時，讓步的價錢絕不能太大，否則會嚴重損害己方隨之而來的議價地位，並損害己方在後面的談判中的機動能力。談判者絕不願意爲了使談判能繼續下去而不得不撤回自己的建議，並且一旦做出讓步，對方也不允許再改變。所以，有必要對先作的讓步進行事前安排與構思，以做到即便對方以後拒絕相應的讓步，也不會發生不得已取消讓步的局面。

另外，接受讓步的一方會把該讓步當作軟弱的表現，會期望從中獲利更多，態度可能會更強硬。因此，在決定先讓步前應仔細斟酌，謹慎行事，提出讓步時應該充滿信心，切忌給人軟弱可欺的錯覺。

但是假如你確實處在較弱的形勢進行談判，就不應該採取讓步在先，否則會增強對方的優勢感。不恰當的先讓步還會使弱勢的一方放棄不該失去的談判籌碼，同時卻得不到對方答應互換的特殊讓步。

當某些實質性談判可能導致對方發現一些於我方委託人不利的訊息時，應該在其他問題暴露前先做出讓步，以求事情能迅速了結。

「讓步在先」的效果如何有賴於對方對它的感覺，所以談判時有必要對對方及其談判者進行重點觀察。如果他們採取的是富於進攻性的強硬手段，認爲向他們讓步是軟弱的表現，對方可能用先發制人的方法，實施高壓手段，或採取激將法等急燥行爲。這些表現應被當作不宜採取讓步在先的信號，如果對方採取有利於緩和緊張氣氛，創造出有利於達成協定、允許要求互相讓步的氣氛，則適宜於採取讓步在先。

☑想辦法使對方立場互換

談判的雙方都按自己特殊的思維方式來看待所爭論的問題，都立足於自己的觀點，而不注意他人的主張。爲了改變對方的期望，你必須讓他們用你的方法看問題，讓他們順著你的思維考慮問題，這樣才能得到你所希望的結局。

要有效地說服對方，必須向他們描述一個理想的計劃來迎合他們的需要，用他們得到的好處來爲你的主張辯護。你所爭論的主題應該都是你自己的建議，不要考慮從別人的主張中計算你所得到的好處。因爲那樣會削弱你的地位，並且別人的觀點只會使他們自己獲利最多。

當你向一位顧客推銷汽車時，但他認爲太貴了，這時一些沒有推銷經驗的推銷者就會熱切地辯解這車的價錢並不很貴，買這樣一輛車不會花費顧客太多的錢，甚至反問顧客，「現在通貨膨脹，什麼東西不貴呀！」這種辯解沒有碰觸問題的實質，毫無說服力，甚至容易引起顧客的反感。那麼，應該如何處理這種場面呢？

你可以從不同的角度來分析價錢問題，你可以說：「是貴了一點，但是它的品質確實很好，大家不是都希望買到可靠一點的東西嗎？再便宜的東西買回去不能用不也是可惜嗎？」這樣把對方的反對變成同意的根據，對方也會在心裡認爲，你說的還真有道理，或許還有同感。

如此一來，對方的價格體系、對方的期望和壓力都將被套上你的模式，他看問題的方法也就隨之改變了。這時你就已經掌握了主動權，控制了談判的局面，將會得到你預期的交易結局。

☑談判桌上人人平等

談判往往會受到地位差異的干擾。地位高的人總希望以氣勢服人，難免居高臨下，以強示弱；地位低的人談話時，常常會忸怩不安，精神上背負著壓力，行動上不免會透露些自慚形穢的神色。

實力雄厚的交易方在以強者的地位談判時，應該放低姿態，表現出熱情並且平易近人，使對方不會有太多的牴觸情緒。談判的目的是把他吸引到談判桌上，而不是嚇跑他們。強者以低姿態出現，可以鼓勵和推動對方顯露其真實面目，說出他真正的希望和顧慮。

爲此，地位高的人應適當減少一些力量，掩飾一些鋒芒，讓對方神經放鬆，把更多的訊息透露出來。事實上，如果你是強者，沒有必要特意以某些行動表現出來，你的身分地位、你的經濟實力足以說明一切。對方再放鬆，也會感到你無形中的壓力。

並不是說地位高的一方就此放棄談判的攻勢，而是可以在之後階段逐步地加強，慢慢地降低對方的期望。聰明的強者會做出一點讓步，以合作的態度分享對手所渴望得到的東西，並能贏得談判，達到自己的目的。

地位高的人在與地位低的人交涉時易犯輕敵的毛病，往往以自我爲中心，以勢欺人、自高自大、武斷專横。自恃爲強者，以致於鬆懈、怠慢，對於有關的專門業務上沒有充分的瞭解和準備；當對方把你當成一個平等的談判對手來看待時，就會藉此取勝於你。

作爲一名地位較低的談判者則應當不爲對手的權勢所動、不爲對手的身分地位所左右，大膽地進行對等的談判。在商務談判中，談判雙方在法律上地位是完全平等的，只要消除心理上的障礙，一般情況下就能克服身分地位的差異帶來的困惑。

爲了擺脫自己的緊張感，可以從一些小事上想辦法，例如請對方到你的所在地或辦公室進行談判，這樣至少環境對你是有利的。帶一兩個助手或祕書隨行，穿著有專業形象的服裝，形態氣質均保持最佳狀態，使對方相信，你不是好欺負的。這些表面上的裝扮，可能給對方心目中留下深刻的印象，在談判一開始，對方就不敢怠慢。

第二節 工欲善其事，必先利其器

一、組織理想的談判人選

☑選擇適合的談判人選

管理者要談判，首先要組織適合的談判人選，而談判成員的確定和選擇是關係到談判成敗的大問題。談判時，能否根據談判內容的難易和談判物件的特點，選擇不同人格特徵的人參加談判至關重要。

「人格」即是指人的個性，它是個體在先天生理素質的基礎上、在一定社會歷史條件下，透過社會交往而逐漸形成和發展的個人穩定的心理特徵總和。「談判人員的人格」則是指談判者穩定的心理特徵的總和，它包括談判人員應具備的自我意識、氣質、性格、能力等方面要求的總和。

(1)談判人員應具備的「人格特徵」。高水準的談判，對談判人員的自我意識水準、談判人員的氣質、性格、能力等都提出了較高的要求。談判人員良好的素質是談判成功的保證。

談判人員應具備自我意識。所謂談判人員的自我意識，是指談判者對自己身心活動的認識的控制，通常又把自我意識稱之為「自我」和「自我觀念」對自身的認識，包括談判者對自己生理條件，即對自己的儀表、形態、姿態等的認識；也包括對自己心理特徵的認識，即對自己的興趣、愛好、情感、態度、能力、經驗、性格、氣質等的認識；同時還包括對自己和談判對手關係的認識。

自尊心是構成談判者自我意識的一個重要成分，在談判中起著重要的作用。自尊心是指談判人員尊重自己的人格、尊重自己的榮譽，不向對方卑躬屈膝，不允許對方歧視和侮辱自己，維護己方的尊嚴和自己的情感體驗。

同時自信心在談判中也起著重要作用。自信心是指談判者對自己力量的充分估價，是自我意識的重要組成部分。自信心強的談判者，既不妄自尊大、盛氣凌人，也不妄自菲薄、甘居下方。自信心是談判者不可缺少且必須具備的重要心理素質。

(2)談判人員應具備的「氣質特徵」。氣質是指人生來就有的心理活動的「動力」

特徵。動力特徵則是指人們進行心理活動時的速度、強度、靈活性、穩定性和指向性。由於人們進行心理活動時的速度、強度、靈活性和穩定性不同，所以，給人的心理活動感染上了不同的色彩。

人的氣質類型沒有好壞、優劣之分，但因為不同的工作對人的氣質提出了不同的要求，同樣的，談判工作對人的氣質也有一定的要求。一般要選擇那些思維靈活、思維嚴謹、有較強控制自己的能力，能掌握事情的分寸和火候、情緒穩定、辦事沉著冷靜、責任心強的人爲談判人選。

(3)談判人員應具備的「性格特徵」。所謂性格是一個人比較穩定的對待客觀現實的態度和習慣化的行爲方式，它是一個人穩定的和具有核心意義的個性心理特徵。人的行爲是主導性格的產物，即「主導性格＋情境＝行爲」。性格在人格差異中居核心地位，這就決定了它是形成人格魅力的主要內容。談判工作對談判人員各個方面的性格特徵都有較高的要求。

(4)談判人員應具備的「能力特徵」。談判的才能，靠單一能力是不行的，它必須有表達能力（包括語言表達能力、文字表達能力和形體表達能力）、綜合分析能力、判斷推理能力、系統運籌能力、決策能力、公關能力等，幾種能力的綜合才能構成談判者的才能。

有人說，談判人員應該具備哲學家的思維、經濟家的頭腦、組織家的才幹、政治家的胸懷、外交家的謀略、企業家的膽識、軍事家的果斷、宣傳家的技巧、戰略家的眼光、幻想家的想像、律師的善辯、新聞記者的敏感等，談判人員應該是「一專多能」的特殊人才。當然，這就是對談判人員提出了較高要求。

一般情況，談判人員起碼應該具備以上談判人員的基本素質。談判是一種重要的思維活動，談判行爲實際上是雙方在智慧上的較量。談判的核心任務是一方說服另一方或理解、或允許、或接受自己的觀點，所維護的基本利益以及所採取的行爲方式。要想達到這個目的，沒有高度的智慧是不行的，這就靠談判人員勤於思考、善於協調、捕捉訊息、正確決策及創造性的思維。

☑確定洽談小組的陣容和規模

在確定談判小組陣容時，應慎重考慮談判主題的大小、難易程度和重要性等因素，據此來決定適合的人數。如果是一對一的談判，那麼對於參與談判的人而言要求是很高的，因爲當他單獨談判時，其實質是在代表著一個小組和整個談判的某一方，所以，業務談判人員應注意把自己訓練成爲多方面的專家。

但是當專案很大，靠一個人的力量難以完成談判任務時，就要考慮選派一個小組來參加談判。小組談判的好處在於：可以有許多有不同知識背景的人參加談判，能夠集思廣益，使對方感到有更多的對立面。一般來說，關係重大而又比較複雜的談判大多是小組談判。

洽談小組的陣容及其參加人員的多寡及其人員，可依談判專案的不同而定。通常情況下，有關商品交易的談判，可由主管該專案的業務人員參加；如果是重要的交易則應由總經理級主談。對於技術引進的談判，可由業務人員、技術人員、法律工作者共同組成談判小組，在統一的領導下，分工負責、完成任務。

作爲一個團體，爲了有效地進行談判工作，其內部必須進行適當而嚴密的分工合作，內部的意見交流必須暢通無阻。在談判這種高度緊張、內容複雜多變的活動中，要達到這種有效進行工作的要求，談判小組的規模過大是不行的。因爲人數太多，交流就會發生困難，而談判卻要求高度地集中統一和對問題的及時而靈活的反應。

另外，人數多，意見也多，要把這些不同的意見全部集中統一起來，不是一件容易的事。從大多數的談判情況來看，工作效率比較高的人員規模應在四人左右爲宜。

二、談判前應做好準備工作

談判是一個過程。談判不只是指各方達成協定的一時一刻，還包括人們爲談判所作的調查研究及一切準備工作，以及雙方達成協定後的貫徹和實施這些全套的過程。因此說，談判是需要時間的，也是要耗費一定談判成本的，複雜的談判更是如此。

☑先做到知己知彼

談判前，爲了做到知己，必須做到了以下三點：

(1)清楚地知道你想要什麼。抓住核心重點，考慮這個問題，直到你能夠用幾句話或更少的詞語來表達你的要求。

(2)理解問題。是什麼阻礙了你獲得想達成的目標？確切地講，什麼是障礙物？

(3)爲談判做準備。知道你要說什麼，並且花時間考慮另外一方可能說什麼。列出雙方可能有的各種選擇，考慮哪些選擇方案是你方可以接受的，同時也可能被對方接受。不要在進入會談時有「臨時湊合湊合」的隨性態度。

業務談判是雙方或多方的，要想取得洽談成功，「知彼」是非常重要的。爲了「知彼」，就要調查研究，對於對手的情況瞭解得越多越好。

霍伯・柯恩有四十多年的談判經驗，參加過幾千次的重要談判，有「全世界最佳談判手」之稱。有一次，柯恩先生去一家工廠推銷某種產品，他在和該廠的一位領班聊天時，掌握了談判取勝的至關重要訊息。

這位領班無意中講過如下幾句話：

「我用過幾家公司的產品，惟有你們的產品能通過我們的試驗鑑定，符合我們要求的標準。」

「柯恩先生，你看我們下個月的談判要到什麼時候才能有結論呢？我們廠裡的存貨快用完了。」

柯恩對領班的話表面上看去是漫不經心的，實際上，他在悉心聆聽，心中充滿了興奮和喜悅。有了領班傳達給他的訊息，在談判中能獲勝是毫無疑問的。柯恩與該廠採購經理談判時，各種條件、要求都提得很高，並且還不慌不忙地討價還價。而作爲工廠的一方，一方面他們確實很需要柯恩的產品，另一方面，因爲存貨不多，所以時間壓力很大，因此在談判中很被動。而柯恩則最大限度地獲得了談判的成功。

調查研究是從客觀實際出發，洞察事物的本來面目。而客觀情況是在發展變化的，因此，我們在進行「知彼」分析時，一定要用動態的眼光來看問題，不能用呆滯的目光把問題看得過於死板。對於比較複雜的談判對手，更要仔細地研究其過去與商人們打交道的優勢及經驗，還要研究其談判生涯中的挫折和教訓，以及他目前正在爲本次談判做些什麼準備，這都是很關鍵性的內容。

調查越深入，掌握的情況越多，對談判越有利。業務談判前「知彼」調研的結果，應基本上能夠解決這樣幾個問題：如果某一方提供虛假訊息，或有威脅欺詐等行爲的洽談，會有哪些制裁規定和措施？對於本次談判中各方的利害關係，是否已經心中有數？本次談判是人爲期限，還是自然期限？出現僵局後會有什麼解決辦法？爲解除僵局將會付出什麼代價？洽談雙方哪一方想維持現有交易關係？哪一方想透過這次談判改變現有交易關係？本次談判雙方將採用什麼方式進行訊息交流？談判地點、環境有可能給各方帶來哪些不利影響？各項條款的洽談能否同時進行？哪一方談判實力更強？回答了這些問題，有助於我們制定本次談判的方案和對策。可見，「知彼」是談判成功的保障。

☑檢查各方的關係

任何談判的進行都取決於談判各方以及他們的關係。力量屬於能決定各方關係的人。例如，經理人在和部門內的員工談判時要比與一位高層管理者談判時擁有更多的力量。在公司裡，擁有力量的才是最後說話算數的人，是強迫對方同意或使對方投降的一方。

在談判中，擁有力量或談判力的人是有權同意或否決協定的人。這種同意或否決的力量通常能被談判各方所理解，而且不可避免地影響談判的結果。經理人可能選擇與一位員工進行談判，因爲它有利於完成工作，但是他也許感到沒有必要這麼做。

推銷員可能感到應對方要求做出讓步是必要的，能使潛在顧客說「是」而訂貨（這就是爲什麼大多數公司不給它的員工任何變更標準條款的權力）。

在開始談判前，要檢查各方的關係。有關人員的尊卑順序如何？誰有權說「是」？誰能說「不」？因爲能毀掉一筆生意的人，常常要比能同意一筆生意的人多。

☑對洽談資料進行整理與分析

在透過各種管道收集到資料以後，必須對收集來的資料進行整理和分析。

整理和分析洽談資料的意圖有二：

(1)是鑑別資料的真實性與可靠性，即去僞存真。因爲在實際情況下，由於各式各樣的原因，在收集的資料中客觀地存在著某些資料比較片面、不完全，有的甚至是虛假的、僞造的，因而必須進行整理和分析。

比如，某些人可能自己另有所圖，於是提供了大量利於談判業務談判的訊息，而將不利於談判的訊息，或是掩蓋、或是扭曲，以達到吸引對方的目的；有些人可能自己沒有識別真僞的能力，而將道聽塗說的訊息十分「真實」地提供出來；有些人可能自己本不知道某些情況，卻爲了顧全自己的身分而提供了不真實的訊息；甚至還有些人爲了從中獲利，提供錯誤的訊息給洽談雙方。

資料必須經過整理與分析，才能做到去蕪存菁、去僞存真，爲我方談判所用。整理和加工訊息的邏輯方法很多，常用的方法有歸納法、比較法、演繹法。歸納法是一種以經驗法則作爲基礎、從個別推導到一般的邏輯方法。

比較法是辨認物件之間的相同點和差異點的邏輯方法。演繹法是從一般到個別的邏輯推理方法，它與歸納法截然相反。

(2)在資料具備真實性、可靠性的基礎上，結合談判專案的具體內容，分析各種因素與該談判專案的關係，並根據它們對談判的重要性和影響程度進行排序。透過分析，制定出具體的談判方案與對策。

☑預先排練「類比談判」

類比談判，也叫假設推演。即從己方代表團中選出有關成員代表洽談物件，從洽談物件的立場出發，與之進行磋商。透過類比洽談，可以發現己方準備不足的地方，加以改進，對已有的證據資料進行補充，加深對面臨問題的認識，進行瞭解以便轉入正式洽談階段之後，能夠駕輕就熟地進行洽談。

類比談判必須防止一個錯誤傾向，即對類比談判的情況形成思維定勢，以至影響隨後的實際談判。類比洽談只是爲了發現問題和改進，並檢驗準備階段的所有工作的充分與否，絕不是爲了以後實際談判階段的照本宣科。

三、制定切實可行的業務談判方案

☑談判目標的確定

談判的目標就是在談判中所要爭取的利益目標。任何一種談判都應當以既定目標的實現爲導向。

談判目標因談判的具體內容不同而有所差異，例如，談判是爲了推銷產品，那麼談判目標就應該是產品的銷售量和交貨日期；如果談判是爲了獲得資金，那麼談判目標就應該是可能獲得的資金額；如果談判是爲了租賃對方的設備，那麼談判的目標就應該是以多低的價格，多麼優惠的條件租到設備。

也有些談判，是以價格的高低、雙方關係的改善、爭議矛盾的解決程度作爲洽談人員心中的掌握目標。總之，談判目標的內容依談判類別、談判各方不同而不同。通常，談判目標作爲一種預測性和決策性的指標，它的實現還需要參加談判的各方根據自身利益的需要，他人利益的需要和談判桌內外各種因素來正確制定和設置。

(1)明確主要目標

要明確什麼是主要目標。一項談判可能會涉及到多項目標，那麼這些目標肯定客觀地存在主次之分，因此要對這些目標確定一個優先順序，進而使次要目標服從主要目標，保證主要目標的實現。

此外還要明確爲什麼選定這個目標和目標要求達到的程度。一個目標，其在談判前可能很難想像得出，到底能夠在談判中實現到什麼程度，這需要雙方的實力對比和技巧的運用。

(2)談判的目標層次有以下三個等級：

◇最優先期望目標——最優先期望目標就是利益界限的最大限度值，是對談判者最有利的一種理想目標。它在滿足某方實際需求利益之外，還有一個「額外的增加值」。

◇最低限度目標——利益界限的最低限度值。在談判中對某一方而言，毫無討價還價餘地，必須達到的目標。換言之，最低限度目標即對某一方而言，寧願離開談判桌放棄經貿合作專案，也不願接受比這更糟的結果。

◇可接受的目標——介於最優目標與最低限度目標之間的目標。可接受的目標是洽談人員根據各種主客觀因素，透過考察各種具體情況，經過科學論證、預測和計算之後所確定的談判目標。實際業務談判中，往往雙方最後成交值是某一方的可接受目標。可接受目標的實現，往往意味著談判的勝利。

(3) 確定談判目標時需要注意的問題

第一，應當遵循實用性、合理性和合法性的要求來確定談判目標的層次。實用性即指談判雙方要根據自身的實力與條件來制定切實可行的談判目標，失去這點，即使雙方簽定了滿意的協定，也很難付諸實施。

合理性是指談判目標的時間合理性與空間合理性。業務談判人員需要對自身的利益目標進行時間上、空間上全方位的分析考察。因爲談判目標對於不同的談判物件、不同的時間與空間，具有不同的適用程度。在一定時間與空間範圍內是合理的可行的談判目標，在另一個時空內就有可能是不合理的。合法性是指談判目標的制定必須符合一定的法律準則與道德規範。

第二，明確買賣雙方談判目標的界限。在正式談判前商定談判目標時，必須注意談判目標要具有彈性。如果談判目標毫無彈性，那麼成功的機會便極少。因此，對於談判目標，要事先商定好彈性目標的上限、中限和下限。

第三，嚴格保密己方談判目標的下限值。如果對保護自己的底限重視不夠，不是自己無意透露，就是因為別人誘惑而走露訊息，也就會造成不應有的損失。需要修改談判目標時，要經全面商量之後，在洽談小組內部相互溝通取得一致見解，嚴格保密，重新開始談判。

☑制定可供選擇的談判方案

談判方案是決定談判成敗的關鍵。洽談人員必須結合主觀與客觀因素，尋求合理的談判方案。

☑制定合理的談判方案

(1)談判方案的內容

第一，確定談判的基本策略。在談判方案中，必須擬定所要達到的最高目標和最低目標，以及為了能夠達到和實現我方的這些目標所採用的基本途徑和方法，就是我們所需確定的談判基本策略。基本策略的確定是建立在對雙方談判實力及其影響因素，仔細而認真地研究分析的基礎上進行的。

由於談判是雙方實力的較量，情況的發展往往與預先的估計會有所不同，有時甚至還會出現一些意想不到的棘手問題。因此，我們在制定基本策略時，應盡可能地估計到這些可能會發生的情況，並設想當發生這些情況時應該採取哪些對策。

第二，合約條款或交易條件的內容。在制定談判方案時，關鍵的問題就是要對交易條件或合約條款進行逐字逐句的分析和研究。在研究和分析時，應從政策、法律、經濟效益等不同的角度進行衡量，徹底弄清其含義，進而分辨出哪些條款是可以接受的，哪些是經過雙方協商來決定的，哪些是必須按我方意願來改變的。透過區分出這三種情況，我方再提出具體的修改的意見，以便在談判中予以貫徹和實施。

(2)價格談判的幅度問題

業務談判的核心內容往往是價格問題。價格是談判的中心環節，也是爭論最多的問題。在擬定談判方案時，要對價格掌握的幅度有明確的看法和意見，並要設計出爭取最佳結果的策略和具體措施。

☑評價和選擇談判方案

通常可以設計出幾個可行性談判方案，那麼到底哪個方案最合理可行呢？爲了解決這個問題，必須逐一對談判方案進行全面詳盡的評價，從中選出最理想的談判方案。評價和選擇的具體步驟如下：

(1)組織專門的人員，依據真實可靠的資料，確定出評價的標準和評價方法。

(2)運用評價標準和方法對各個方案進行逐一的分析和判斷。結合談判的具體內容，緊密聯繫談判的具體實際情況，認真尋找差異，正確區分優劣，從中選出可採用的方案。

(3)正確估計方案實施過程中，可能會由於談判形勢的某些變化，對執行方案將會引起的具體影響和不良後果；同時要估計不良後果的可能程度和嚴重程度，並進一步經過利弊的權衡後，補充制定相應的應變措施，防患於未然。

(4)對評估、選擇、分析的結果進行進一步的整理，寫出評價報告，以備領導定案時參考。

(5)發揮企業或公司領導的關鍵性作用，並在領導者的統一帶領下，進行討論定案。當然，在最後定案時要充分發揚民主精神，切不可成爲一言堂，以確保評價和選擇的科學性及有效性。

☑簽訂對我方有利的合約

如果一份合約或供銷協定中帶有含糊其詞、沒有約束力的語句，那麼在一般情況下，總會有一方從中獲得的利益多於另外一方。應當預先確定，究竟是含糊其詞的協定對我方有利，還是措詞無懈可擊的協定對我方比較適宜。

對許多人來說，他們寧願選用書信協定而不採用比較正規的合約。那些裝飾精緻的文件很容易嚇唬人。一份起草得好的書信協定，應該是無懈可擊的，它幾乎不需要任何法律用語，讀起來就像是一封家信。

在需要起草合約的時候；一定要爭取起草初稿。你一旦著手把交易的各個要點轉換爲文字，就會出現許許多多的問題。需要先搶得機會，把我方對這些問題的看法寫到文件中。

但也有一個例外，如果對有關的法律並不熟悉，那麼，只要看看對方把什麼內容寫進合約裡去，就會明白他們認爲什麼東西是最重要的，這對談判的一方常常會有很大的幫助。

當對方提出要起草第二稿時，你不妨將附件或書面修正意見附於其後。不要再從頭起草而讓人對整個合約不得不重新審閱，因爲一個律師通常在看第二次合約時，往往會提出幾點新看法來。

如果我方是對已起草的合約進行審閱的一方，並且曾謀求過起草該合約的機會，那就應該對合約的「定義」部分詳細審閱。一個事物在法律上的稱謂，足以改變合約中的其他任何內容。

比如說，假如你和某自行車製造公司簽訂了自行車的代銷合約，可是你又希望就自行車車籃作一筆單獨的交易。這種車籃是額外加在車前，方便騎乘者置物的。但你同時估計到，如果你提出這個問題，自行車製造公司可能會加以抵制，因爲合約中並沒有涉及有關車籃的問題。

所以，在合約的「定義」部分，你可以把車籃狹窄地定義認爲「一個用金屬絲或硬塑膠編接而成的方形或筒形物，透過螺絲與一支金屬軸相連接」。在這裡，你沒有提到車籃，而你卻能夠和另一家車籃生產公司單獨地做成一筆交易，同時又維持了和自行車製造公司的協定。

你應該對法律用語保持高度的警惕。律師們甚至能從極普通的日常用語中找出所需要的字眼和語句，用來改變上下文的意義。執行合約的速度也是個關鍵問題，對一筆交易的熱情，往往會隨著時間的消逝而減弱。

另外，不要把合約直接寄發給法律部門，而應先把它寄給和你打資產官司的人。因爲他們對公文往來的不耐煩情緒，可能比你更爲強烈。在合約最終遞交法律部門審批後，你最需要做的，便是儘快從法律部門取回合約。

四、儘快判斷和瞭解對方洽談人員的訊息

談判時，在開場進行的一切活動，一方面能夠爲雙方建立良好關係鋪路，另一方面又能夠瞭解對方的特點、態度和意圖。因此，在這個階段，必須十分謹慎地對所獲得的對方印象加以分析。不僅如此，還要立刻採取一些重大措施，用我們的方式對他們施加影響，並使這些影響貫穿談判的始末。

最好把準備工作做得既周密又靈活。當坐下來轉入正式談判前，應該充分利用開場階段從對方的言行中獲得訊息。在這個階段中，能夠很快地掌握對方洽談人員的談判訊息，即代表他是否有豐富的談判經驗和技巧，又如何施展他的談判作風。

對方的談判經驗和技巧無須語言就可以輕易理解，比方說：他的姿勢、表情以及他切入主題的能力。如果他在寒暄時不能應付自如，或者突然單刀直入地談起生意來，那麼可以斷定他是談判生手。談判高手總是留心觀察對方這些微妙之處。

對方的談判作風，同樣的可以在開場階段的發言中反映出來。一位經驗豐富的談判人員，爲了謀求雙方的合作，總是在開始時討論一般性的題目。另一種具有不同洽

談作風的人員，雖然他的經驗同樣豐富，但其目的是爲了對談判產生影響，他顯然會採取不同的措施，一進入談判，他就極力探求雙方的優勢和劣勢，探聽哪些是自己必須堅持的原則，以及在哪些問題上可以讓步。

他不僅要瞭解「自己」的情況，甚至對每一個己方人員的背景和價值觀，每一個人有把握的和擔心的事，以及是否可以加以利用等問題，都要搞得一清二楚。

以上這些訊息，對於那些玩弄花招以犧牲對方利益而謀取自己利益的人來說，是至關重要的，這些訊息能成爲他在以後的談判中使用的利器。如果把談判比作遊戲，而且彼此商定，遊戲以一方的勝利而告終，那麼他的舉動是無可非議的。

當我們一旦察覺到談判中間將會發生衝突，就必須萬分小心。雖然，我們還無法判定談判將會如何展開，但是已經察覺警示情況的「黃燈」。雖然，這並不等於表示「進攻」的「紅燈」，但起碼已顯示出對方有些神經質或是經驗不足，或是對談判有些不耐煩了。

也許對方十分好戰——「黃燈」真正轉成「紅燈」，但對我們來說，這就極易做出相應對的反應了。如果在這個階段，我們還不清楚對方這些行動的意思，而我們在開始時，所採取的是與對方「謀求一致」的方針，這時就應該引導對方與我們協調合作，並進一步給對方機會，使他們能夠回應我們的方針。同時，我們自己也應該有更充裕的時間和機會，把對方的反應和判斷弄清楚。

這裡，我們施展技巧的目的是努力避開鋒芒，使雙方趨向合作。我們應不間斷地討論一些非業務性話題，並更加關注對方的利益。

看一看下面這段開場對話：

「歡迎你，見到你真高興！」

「我也十分高興能來這裡。近來生意如何？」

「這筆買賣對你我都很重要。但首先我對你的平安抵達表示高興。旅途愉快嗎？」

「這個問題也是我們這次要討論的。」

「在途中飲食怎麼樣？來點咖啡好嗎？」

這並不是一個漫無邊際的閒扯，雖然表面上它與將要談判的問題不相干，但是如果對方在這段談話之後，仍堅持提出他的問題，我們就可以認為「黃燈」有變為「紅燈」的危險。如果他能夠接受這種輕鬆的聊天，雖然這並不能改變「黃燈」仍然亮著的事實，但它告訴我們它有轉為「綠燈」的可能。

在這個階段，我們最容易犯的錯誤，是過早設定對方的意圖。因為無論如何我們已經掌握了一些訊息。對於這些訊息，我們還要隨著洽談及實質性談判的過程，作更深入的分析。

五、做好準備，進行成功的電話商談

☑電話商談和當面商談的不同點

(1)先打電話的人通常占有極佳的優勢。
(2)許多重要的事情在電話中比較容易被忘掉。
(3)常常會感到壓力的存在，而有被迫做出決定完成交易的感覺。
(4)即使是很簡單的計算，在時間的壓力下也會變得十分困難。
(5)接電話的人常無法安定下來，不易集中注意力傾聽，往往心裡同時還想著其他事情。
(6)接電話的人通常處於較不利的地位。他往往沒有充分準備：不是找不到資料，就是找不到筆，甚至找不到他的祕書。
(7)看不到對方的表情反應。
(8)無法提供證據，也無法進一步地調查。

(9)在通電話時，很難不被別的事情打擾。

除了這些不同點以外，還有三個更大的缺點，每一點都足以鑄成大錯：

第一，電話商談比當面商談更容易誤解對方的意思。

第二，沒有充裕的商談時間（部分是因爲電話費的關係）。

第三，當對方看不見你的時候，「不」字便不那麼難出口了。

☑電話商談有時要比面對面的商談更好

雖然當面商談才是最好的辦法，但有時卻可以故意選擇電話作爲商談的媒介。對於那些不易正面交談的人，電話交談是爭取對方注意的有效方法。大部分人都不會讓電話鈴聲一直響個不停，一旦他們拿起電話筒便不容易放下了。

芝加哥電台的一個廣播員在獲知某家銀行被搶後，便以收發兩用的無線電和銀行聯絡，你猜猜看是誰回答他？是搶匪，因爲他無法抗拒電話的鈴聲。更不可思議的是這個搶劫者在警察包圍的情況下，竟然還一直留在電話機旁回答問題，直到他被捕，雙方的電話談話才告結束。

知道這件事的人都不太相信，一個處於這種壓力下的人，竟然還有心思聽電話；但是心理學家就不會這麼驚異，當電話鈴聲響個不停時，這個搶劫者的反應便自然會和平常一樣了。

迅速的交易總會使其中一方陷入不利的處境，而電話商談則總是形成迅速交易主要手法。除了這個缺點，電話商談有時要比面對面的商談更好，因爲電話能夠幫助你：

(1)說「不」。
(2)不會因外貌而影響交易。
(3)可以讓自己的立場更堅定。
(4)易於打斷討論。
(5)限制彼此資料的傳遞。
(6)可以把彼此的地位差異減少到最低程度。
(7)可以繼續說話，而故意不聽對方的話。
(8)可以時常打岔。
(9)可以減少商談的費用。

但是千萬要記住：只有當我方準備得比對方更充分時，電話商談才會對我方有利。有成就的經營者，在產品競爭、生意商談中，電話商談顯得更加重要。要想順利地推進競爭事業、順利地賺到錢，不具備電話商談能力是不行的。掌握電話攻勢的技巧是商場致勝的法寶。

☑電話商談的原則

(1)當對方打電話給你時，必須注意傾聽。先把整個事情搞清楚，然後再回答。

(2)少說話。你說得愈少，對方就說得愈多。

(3)打電話以前先練習一下，把想討論的事列出一張表，免得有所遺漏。

(4)在桌上擺個計算機。

(5)在桌子上放置與工作有關的底稿和文件。

(6)作摘要，然後馬上存檔。

(7)等對方說過後，自己再重複一遍以免有誤解產生。

(8)準備一個好理由來中斷電話的談話。

(9)假如你怕在電話中露出弱點，則在掛電話前先自我檢討一下。

☑使電話商談更有效的原則

(1)不要在開幕僚會議時和人進行電話商談。

(2)除非你瞭解並有充分的準備，不要在任何一個問題上和對方達成任何協定。

(3)不要因為電話費隨著時間增加，而迫使自己匆促下決定。

(4)假如你事後發現在計算上有錯誤時，不要猶豫，馬上打電話去跟對方更正。

(5)不要害怕重新談判一項重要的問題，經過仔細地考慮後，假如你認爲雙方所同意的交易對你似乎非常不利，要有勇氣再打電話給對方，繼續交涉。

電話商談對作好充分準備的人較爲有利。但無論如何，在工商界很少有人會在如此急促的時間裡，做出虧盈很大的選擇。

第三節 臨場發揮的技巧

一、從對方的身體語言中捕捉到談判所需要的訊息

在談判中，有經驗的談判人員善於從對手的身體語言中捕捉到許多他們所需要的訊息，這樣就爲爭取主動奠定了堅實的基礎。

☑眼睛的動作

眼神是最能表達感情的手段之一，是人際間最傳神的語言。眼睛的動作傳達出的主要訊息有：

與人交談時，視線接觸對方臉上的時間正常情況下應占全部談話時間的三十％～六十％；超過這個平均值時，可以認定對談話者本人比談話內容更感興趣；低於平均值者，可以認定他對談話者本人和談話內容均不感興趣。

傾聽對方談話時，幾乎不看對方，那是企圖掩飾的表現。

眼睛閃爍不定，是一種反常的舉動，常被視爲用作掩飾的一種手段或性格上的不誠實。

瞳孔的變化是非意志所能控制的。人們處於高興、興奮、肯定等情緒時，瞳孔必然放大，眼睛很有神；處於痛苦、厭惡、否定等情緒時，瞳孔就會縮小，眼睛必然無光。據說，古時候的珠寶商人已注意到這種現象，他們能窺視顧客的瞳孔變化而知道對方對商品有無興趣，進而決定是抬價還是降價。因此有人在某些場合，爲了掩飾自己的內心活動，往往會戴上一副有色眼鏡。

在一秒鐘之內連續眨眼幾次，這是神情活躍，對某事物感興趣的表現，有時也可理解爲由於個性怯懦或羞澀、不敢正眼直視的表現；瞪大眼睛看著對方是對對方有興趣的表示。

☑眉毛的動作

眉毛一般是配合眼睛的動作來表達其含義的，但單憑眉毛也能反映出人的許多情緒。

處於驚恐或驚喜時，眉毛上揚，即人們所謂的「喜上眉梢」。

處於憤怒、不滿或氣惱時，眉角下拉或倒豎，即通常所說的「劍眉倒豎」。

當困窘、不愉快、不贊成或者是表示關注、思索時，往往會皺眉。

表示贊同、興奮、激動的情緒時，眉毛迅速地上下跳動。

表示有興趣、詢問或者疑問時，眉毛就會上挑。

☑嘴巴的動作

嘴巴除了是攝取食物的器官之外，也是說話的工具，它的吃、咬、吮、舔等多種動作形式，決定了它具有豐富的表現力，往往反映出人的心理狀態。

嘴唇常不自覺地張著，呈現出倦怠疏懶的模樣，說明他可能對自己、對自己所處的環境感到厭煩。

緊緊地抿住嘴唇，往往表現出意志堅決。如果緊抿嘴唇，且避免接觸他人的目光，可能表示他心中有某種祕密，此時不想透露。

噘起嘴是不滿意和準備攻擊對方的表示。

注意傾聽對方談話時，嘴角會稍稍向後或向上拉。

遭到失敗時，咬嘴唇是一種自我懲罰的動作，有時也表示自我解嘲和內疚的心情。

不滿和固執時，往往嘴角下拉。

☑抽菸的姿勢

在日常生活中抽菸的姿勢具有很強的表現力，它往往不自覺地流露出一個人的心理和情緒狀態。

將煙朝上吐，往往是積極、自信的表現，此時他的身體上部分姿勢必然是昂首挺胸的。而將煙向下吐，是情緒消極、意志消沉、有疑慮的表現。

煙從嘴角緩緩吐出，給人消極而詭祕的感覺，一般反映出抽菸者此時的心境與思維比較曲折迴盪，力求從紛亂的思緒中清理出一條令人意想不到的思路來。

斜仰著頭，煙從鼻孔吐出，表現出自信、優越感以及悠閒自得的心情。

抽菸不停地彈菸灰，表示內心有矛盾衝突或焦躁不安。這時的菸成了吸菸者減緩和消除內心衝突與不安的道具。

點著菸而很少吸，表示在緊張思考或等待緊張情緒的平息。

沒抽幾口就把菸捻熄，表示想儘快結束談話或已下定決心。

☑上肢和手的動作

四肢包括上肢和下肢，透過對四肢的動作分析，我們可以判斷出對方的心理活動或心理狀態，也可以藉此把自己的意思傳達給對方。

手臂交叉放在胸前，同時兩腿交疊，表示不願與人接觸；微微抬頭，手臂放在椅子或腿上，兩腿交於前，雙目不時看著對方，表示有興趣繼續談判。

握拳是表現向對方挑戰或自我緊張的情緒，以拳擊掌是向對方發出攻擊的信號。用手指或鉛筆敲打桌面，或在紙上亂塗亂畫，表示對話題不感興趣、不贊同或不耐煩。

在談判場合，常常咬自己的指甲，說明他感到與對方的關係不肯定，或者彼此關係不佳、生疏。

兩手手指並攏放於胸脯的前上方呈尖塔狀，表明充滿信心。手與手重疊放在胸腹部的位置，是謙遜、矜持或略帶不安心情的反映。

握手時對方掌心出汗，表示對方處於興奮、緊張或情緒不穩定的狀態；若用力握對方的手，表明此人熱情、好動，凡事比較主動；手掌向下握手，表示想取得主動、優勢地位；手掌向上，是性格軟弱，處於被動、劣勢或受人支配的表規；用兩隻手握住對方一隻手並上下擺動，往往表示熱情歡迎，真誠感謝或有求於人。

☑腰部的動作

腰部在身體上起著承上啓下的作用，腰部位置的「高」或「低」與一個人的心理狀態和精神狀態是密切相關的。同樣，腹部位於人體的中央部位，它的動作帶有極豐富的表情與含義。

鞠躬、彎腰，表示謙遜或尊敬之意。再者，心理上自覺不如對方，甚至懼怕對方時，就會不自覺地採取彎腰的姿勢。

腰板挺直，頸部和背部保持直線狀態，則說明此人情緒高昂、充滿自信、自制力較強。相反的，雙肩無力地下垂，凹胸突背，腰部下塌，則反映出疲倦、憂鬱、消極、被動、失望等情緒。

雙手橫叉腰間，表示胸有成竹，對自己面臨的情況已作好精神上或行動上的準備，同時也表現出以態勢壓人的優勢感和支配欲。

凸出腹部，表現出自己的心理優勢，自信與滿足感；抱腹蜷縮，表現出不安、消極、沮喪等情緒支配下的防衛心理。

解開上衣鈕扣而露出腹部，表示胸有成竹，開放自己的勢力範圍，對對方不存戒備之心；重新繫一下皮帶，是在無意識中振作精神，迎接挑戰的信號。反之，放鬆皮帶則反映出放棄努力以及鬥志開始鬆懈，有時也意味著緊張氣氛中的暫時放鬆。

腹部起伏不定，表現出興奮或憤怒，極度起伏則意味著即將爆發的興奮與激動狀態而導致呼吸困難。

輕拍自己的腹部，表示自己有風度，同時也反映出經過一翻較量之後的得意心情。

☑下肢和足的動作

腳部晃動，或用腳尖拍打地板，或抖動腿部，表示焦躁、不安、不耐煩或爲了擺脫某種緊張感。

足踝交叉而坐，往往表示在心理上壓制自己的表面情緒；張開腿而坐，表明此人自信，並有接受對方的傾向。

翹腿而坐，表示拒絕對方並保護自己勢力範圍。而頻頻變換雙腿姿勢的動作，是情緒不穩定或焦躁、不耐煩的表現。

當然，在對身體語言所表達出的意思做出分析和判斷時，需要十分細心，因爲身體語言所表達的意義隨個人性格和文化背景的不同而不同，故而必須根據特定的個人在特定的場合下來領會其含義。

在談判過程中，對方也可能會利用某些動作、姿態來迷惑你。但如果從其連續一貫的動作進行觀察分析，或是與他前後所表現的動作以及當時他講話的內容、語音、語氣、語調等相聯繫，就可以從中找出破綻。懂得並學會運用身體語言，有助於我們在談判中更好地表現自己，摸清對方底細並做出準確的判斷。

二、先動搖對方的立場

美國密德蘭地區一家銀行有一位非常難纏的客戶——他是一位技術工程師。他在經濟景氣的時候，有過一段輝煌燦爛的時光，但後來因爲經濟蕭條，只好關閉了他的公司。

過去他所經營的顧問公司一直和銀行保持良好的關係，因此銀行也一直認爲他所經營的公司是一家相當健全的企業公司。但是，因爲各式各樣的因素，銀行不願意給予他太多的貸款。而那位工程師，希望能夠找到機會東山再起，千方百計地爭取銀行的同情，希望銀行能提供貸款。

經過一段時間後，他終於想到了另外一種方式——必須先削弱對方的立場。於是，他便讓會計部門整理出好幾項對銀行的抗議事項。

銀行對於客戶的這種抗議，顯然有些措手不及。銀行課長便立刻打了道歉電話。但是工程師又以銀行辦事能力太差，辦手續太慢，致使該公司向外國購買一項產品的計劃被拖延而蒙受重大損失，大表不滿。

還有一件事，因爲銀行員工的一時疏忽，使得一筆原來應該存入那位工程師私人帳戶的款項，陰差陽錯地存入了另一家公司的帳戶，爲了這件事，那位工程師又借題發揮地大發雷霆，並把銀行以往所犯的種種「罪狀」全部列舉出來，要銀行提出解釋以及具體的解決辦法。

兩個星期之後，工程師認爲時機已經成熟了。此時，在犯了那麼多錯誤之後，那位銀行經理心中已作了最壞的打算，準備接受一切嚴厲的批評和懲罰。這時，工程師反而又打電話來，意外的是，他對於過去所發生的事竟然絕口不提，反而以輕鬆的語氣問道：「對於兩年以上的私人貸款應該怎麼樣計算？」那位經理在事前一直預想銀行方面會遭受他激烈的抗議，但聽到工程師的口氣並不嚴重，便鬆了一口氣，隨即將利息的計算法詳細地加以說明。

「這樣的貸款是不是一般市面上最好的方式？」

「當然！」經理趕快回答，「據我所知道的，這是目前最優惠的一項貸款方式。」他的語氣十分惶恐，生怕再得罪這位難纏的客戶。

這位工程師很希望和銀行恢復往來，並要求銀行的經理讓他獲得一筆私人貸款，結果銀行經理滿足了他的要求。

三、掌握談判的節奏

談判的節奏，主要反映在時間的長短和問題安排的鬆緊兩個方面。談判展開後，雙方條件已經提出，何時爭、何時讓、爭什麼、讓什麼都有個節奏問題。洽談時態度強硬與否，談判時間安排得鬆緊程度也是節奏問題。實驗證明，整個談判節奏安排得好不好，會直接影響談判的效果。

談判按時間和談判要完成議題的數量來劃分，可以有多種不同的劃分方法。例如雙方預計談判要花一週的時間，則可大致以二天為一期。這樣預計要談三個回合：一次是在買方考察時，一次是在賣方送報價和解釋時，最後一次是在賣方或買方進行最後的技術、商務談判。這時可自然地分為三個階段，也可每個回合有談判的三個時期。若談判的議題有九個，則可將三個議題視為一時期。

若談判程式為技術、合約條文、價格三個部分，也可視其為三個時期。實際上，還可依談判內容來進行劃分，即全面交換技術、合約條文、價格條件為談判的初期；在初期基礎之上清理出各方面的分歧並就此進行談判，此為談判的中期；對技術、合約條文、價格三個方面餘留的關鍵性問題進行最後一輪的談判。

總之，談判各階段的劃分可依專案的大小、談判內容的難易而各不相同，但基本原則是一樣的。因此，掌握好劃分階段的技巧，就能夠熟練地掌握談判節奏。

例如在談判的初期，在掌握節奏方面應基於一個「快」字。具體表現爲：技術性談判要緊湊，日程安排也要滿，態度要熱烈、明朗而堅定。這樣做是在爭取時間爲更艱巨的談判而準備。應盡力早日發覺雙方的分歧，以便早作準備。熱烈而堅定的態度，是爲了給對方深刻的心理影響，動搖對方的決心，以創造爭取良好談判條件的氣氛。

在談判的中期，在掌握節奏方面要穩健。該階段是解決分歧的關鍵時期。由於廣泛地交換意見，各種分歧均已暴露出來。主談人要掌握「分歧的總分量」，將一些非原則、影響不大的分歧，爭取在友好、和平、平等的交換條件中解決，進而使談判不至於全面僵化，也不使談判徒勞無功。在此階段保留一部分欲軟化立場的非原則條件的目的，是爲了在最後的磋商時討價還價。

此外，還必須掌握對手的態度和誠意如何，如果對方態度很強硬，自己的條件也不可過快地退卻；如果對方有成交的誠意，也可主動選擇先行退下，以故做姿態。不論實際屬於哪種情況，均需做到能伸能屈的身段。

在談判的後期，在掌握節奏方面要快慢結合。在談判後期，多爲主要分歧或較嚴重的矛盾。這些矛盾引起的原因也往往比較複雜，但不論哪種原因引起的，在日後往往會矛盾均比較突出。為此，談判態度及節奏掌握要有耐心，及時捕捉對方與自己利益的分界點，只有這樣才能成功地駕馭洽談的展開階段。

四、出現僵局時，儘量不讓步

☑注意臨場的發揮

談判時的臨場發揮是相當重要的，直接關係到談判的質量和效果。因此，談判高手往往都是現場大師。有下面五點要素值得提出：

(1)切忌隨便。談判應該紀律性強、謹慎、說話簡單明瞭；切忌遲到；在談判前就做好準備，切忌倉促上陣；保持高效率，高標準。

(2)切忌急躁不安。和人談判時，一定要有耐心，急躁或指責對方是大忌，也不要熱衷於討價還價。

(3)切忌目光游移不定。會談以及其他時候，與對方進行眼光接觸是重要的，此舉保證引起對方注意，顯示談判的誠意，並在個人之間形成一種微妙而有意義的聯繫。

(4)談判人員的組成。忌用主要行政官員和其他高級官員；不要在談判過程中偷偷地增加人數；談判團裡不要包括律師、會計師和其他職業顧問；不要中途更換談判人員。要是你中途換人，那就意味著我方軟弱，沒有一致性和誠意。

(5)談判時的表現。最初試探時期，切忌做出任何讓步；介紹情況，切忌誇張；不要直率地陳述建議，亦不要在建議後才把附加條款和條件列出來，更切忌使用高壓政策，這樣才能使談判順利進行。

在介紹現況時，我方的策略應當是勸說，而不是施加壓力；當對手做出反應時，你要有所準備，要冷靜而有耐心，切忌做出某種憤怒和敵對的反應；語氣切忌過分咄咄逼人；談判過程中，切忌透露過多的訊息。

在做交易、互相提要求的過程中，不要忘了談判的基本原則：訊息就是實力，最好不要輕率地透露出太多的情況。你的對手瞭解得越多，他的地位就越有利。你所要精通的，就是在答覆他們問題的同時提出自己的問題，並儘量從他們口中套出直接明瞭的回答；切忌報價太高，在每次談判中，一方或另一方都常常會考慮提高自己的報價；切忌暴露最後期限，談判對手肯定會到處打探，以得到你的最後期限，千萬不要讓他們知道。實際上，你要採取相反的策略，要表現出你要多少時間就有多少時間似的，表現出漫不經心、蠻不在乎的假象。

在談判桌上，若對方時間充裕而自己的時間有限時，我方談判總是在心理上處於劣勢，所以，要保持冷靜，不要透露我方的最後期限。如有可能，就別管什麼最後期限，因爲絕大多數的最後期限都是談判的結果，這是處於僵局時的禁忌。談判不可能總是按部就班、一帆風順的，如果你不是過於慷慨的話，談判是很難是十分順利的，很容易發生爭論（儘管不會發生在言詞上），並陷入僵局。這時，應勿急勿躁、妥善處理。只要處理得好，僵局是有可能打破的。

☑把容易引起衝突的問題留在後期

很多人誤以爲堅韌的談判好手就是咄咄逼人地進攻。雙方的爭執在談判中是一個必要的部分，但這個部分被濫用得太多了。爭論與堅韌或男子氣概毫無關係，倒是更多地與時間安排有關係。

在每次談判中，人們總是將可能引起衝突的討論留到最後。一旦有什麼問題讓人覺得可能會引起爭論，他就將其擱置一邊，待協定中所有其他條款全都通過以後再來解決。

這樣安排有兩點好處，第一、使你在談判的開始階段保持一個良好的姿態。如果談判一開始，你就在一個問題上堅持不讓步，那麼在隨後的談判中就很難指望對方做出較多的讓步。第二、使談判臨近結束的時候對自己有利。在艱苦工作了數週甚至數月之後，人們往往變得較爲容易讓步。對談判桌上遺留的最後一個問題，不管這個問題是多麼棘手，他們總是希望儘快解決它。

☑故意安排缺席

談判高手們在決定公司參加談判的人員名單時總是非常仔細。例如，在很多談判中，一位公司的總裁有意地缺席。當對方在某個微妙的問題上強迫他的代表表態時，他的代表可以很自然地說：「我覺得很不錯，這個想法對我來說是沒問題的，不過我還得和老闆商量商量。」這種拖延的手段可能會激怒對方，但是，這樣能夠製造「稍候再私下討論這個問題」的機會，並能改善己方的處境。

同樣的，如果組織本公司所有與談判有關的人員坐在談判桌旁，等於就是放棄了一個可以和不在場的某某人進行討論的機會。不讓全部有關人員進入談判室，就是給自己創造了一個極好的有利談判條件。

☑利用對方的競爭心理

談判對手的競爭心理是影響任何一次談判的無形因素（往往也是不受重視的因素）。任何一個公司總是擔心其競爭對手做了些什麼、正在做什麼、或者將要做什麼。

這些憂慮刺激著他們，耗費他們的精力，並往往促使他們意氣用事，做出一些反常的決定。如果你看出對方的競爭心理，在談判中往往可以爭取到一些你連做夢都不敢奢想的有利條件。

同樣的競爭意識造成的衝動在任何一個行業中都存在。不論在福特與通用汽車之間，在百事可樂與可口可樂之間，還是在一個街區裡的兩家雜貨店之間，都能看到這種現象。一個世界級談判高手應該敏感地注意到這點，並使自己從中獲利。

☑直言坦白是一種好的解決辦法

一個世界級談判高手的個性應該是直率多於含蓄，這種素質非常難得，對消除對方的疑慮、怒氣等等很有好處。

當談判趨於緊張或幾近破裂時，直率顯得特別有效。簡單說一句：「我非常希望這次談判能夠成功」，或者「這個對我非常重要」。一句坦率的表白可能奇妙地結束談判桌上的僵局，改善氣氛，並使對方知道你們的意圖所在。

至於在談判中，在什麼問題上採取直言坦白的策略效果最好呢？一位成功的總經理傑克發現，是人們常常感到難以開口的價格問題。絕大多數人害怕報出「鉅額數字」，也許是因爲擔心客戶會以爲他們要賺取太高的利潤。傑克則沒有這種心理負擔，他敢於報價，是因爲他願意向對方提供公司的成本和利潤資料以便參考。

麥考梅克的公司曾因一個專案而向一家電視網報價一千萬美元。電視網對這個方案感到很滿意，但是談判卻總是沒有進展。最後麥考梅克終於弄明白了，他們誤以爲他在這個專案上能賺八百萬美元。

很多專案常常在這個時候遭受失敗，一方希望知道對方能賺多少錢，而另一方則被激怒，開始防範起來：「我的利潤關你什麼事？」

其實，這個時候直言坦白是最好的解決方法。麥考梅克一步一步地向這家電視網介紹公司的預算，並使他們承認十%的利潤並不算高，而麥考梅克的公司也許應該獲得更高的報酬。對方很明智地不再繼續追問究竟他們的利潤是多少，但是談判卻從此順利地進行下去了。

☑不要急於表態

沉默是金——不少談判的專家都深諳此道，並且總是不厭其煩地教導談判新手必須要恪守此道。其實，談判中的冷場氣氛，是任何人都難以忍受的，但卻是十分重要的一幕。爲此，精明的談判專家面對這種難堪的局面，誰也不先打破沉默。

在商業往來中，一個聰明的老闆常常懂得應當在合適的時候沉默，此舉可以使你避免說出多餘的話，並且能使對方說出比他原本打算要說的話還多。如果你明白應在何時保持沉默，便會給別人留下深刻的印象。

此外，如果對方侃侃而談時，你總插不上嘴，那你就不可能從他那裡得到任何承諾。巧妙地運用沉默，有時你需要裝作不知道具體情況，目的就是要使對方說話。例如，某位老闆捲進了一場激烈的談判之中，情況相當嚴重，雙方的律師都被邀出席。這時，這位機智的老闆便以自己「初來乍到」為由，要求雙方從頭開始陳述，並且用他自己的話把他對這場爭論的理解作了一個說明。雙方便開始講了，而且一口氣講了很久。結果在結束的時候，卻發生了變化，反而贊同那位老闆的許多主張。

沉默，如同一個空隙，人們都有一種不可抑制的慾望要去填補它。如果某個人講完了他的一段話，而你卻不接過話繼續講下去，那麼，只要略停片刻，那人便會自動地開始對他說過的話加以解釋。最後，他就可能會把你所要知道的訊息透露出來。

要善於等待——在等待中，讓客戶平靜，使問題自然解決，使新的方案再現，讓不盡人意的業務自然結束。但作為具有開拓創新精神的企業家，總是習慣於果斷明確地處理問題。但是在不少時候，稍等片刻，讓事物的真面目充分展現，決策將會更正確，方案也會更成熟。不少企業家的成功應歸功於沉著耐心，而許多生意的失敗卻是缺乏耐心所致。

五、戰勝不友好的談判客戶，讓談判邁向成功

在所有的談判對手中，我們最喜歡的是像好朋友一樣的人——對方是一名決策者，不僅喜歡你的建議，而且樂於幫助你克服他們公司內部的反對力量，這是最理想的對手。他不僅購買你的產品，而且把它推薦給他們公司，態度甚至比你還積極。

可惜的是，在現實世界裡，大多數人都不是這麼理想的談判對象。這毫不奇怪。對手是人，在談判時間以外，他們的行為舉止總不會一直讓人喜歡。憑什麼又要要求他們在談判中一直讓你喜歡呢？

和不太友好的客戶談判，要想取得進展，就要注意採取一些特殊的方式。

☑善於堅持談判中的僵持局面

和一個真正難以對付的客戶談判，就像和強大的對手打網球。關鍵的問題是，你要善於堅持比賽中的僵持局面。這個僵持局面是無固定時間限制的，只要你堅持不失分，你就會有勝利的機會，而競爭對手則可能失球或者分散注意力。當你贏了兩局時，他可能就累得趴下了。我見過許多最後的勝利者，都是在先輸兩局的情況下，然後靠

拖延的戰術擊敗對手。

所以，在商場上，當談判對手發動猛烈進攻時，你不要急於甘拜下風，不要被對手的進攻嚇跑了勇氣。因爲在人的一生中，你要向許多難以對付的人進行推銷活動，堅持目標，你就會成功。當然，這種做法也得看具體情況。

☑不要公開宣佈我方的底線

每一樁交易都有一個讓步優惠的價格，這就是你願意接受的最低價格。然而，千萬不要公開宣佈這個數字。在雙方針鋒相對的談判中，如果對方知道了你可以接受的最低價格，憑什麼他們還要多付錢呢？

相反的，在討價還價的談判中，應該儘量確立我方可接受的最高價，這樣做會更有好處，因爲大部分推銷員不敢正視「要多少錢」的問題。最好的辦法是，當對方對你的報價瞠目結舌時，你應該說：「當然我們應該有一定的利潤，但這絕不是不合情理的超額利潤。跟你們一樣，我們也需要開支各種日常費用、工資等等。」如果你的話顯得公平合理，對方就會愉快地接受你的要價。

☑不要把價格看作唯一的因素

價格是談判中經常爭論的主要問題，可是，導致客戶不滿進而攻擊你的原因，卻不一定只是價格因素。你經常會碰到先和客戶談妥了價格，結果又未能成交的情況。是因爲你無法及時交貨，還是因爲別的原因？

面臨這種情況，人們常常無計可施，責怪這是由於運氣不好。可是，當客戶在買賣中採取了一些不可理解的行動時，一定有具體的原因，你不能完全歸因於運氣不好。

在和許多公司進行交易的談判中，我們常常發現，導致買方拒絕我們方案的最大原因在於是我方提出的方案，而不是買方提出的方案。比如說，我方提出的方案可能威脅了買方的決策人物，而他不想把主動權交出。他認爲：「這是個好方案。但是應該由我提出來才好。」

記住，讓客戶顯得聰明內行，常常比優惠的價格還重要。客戶一激動生氣，你們比他們還激動生氣，馬上反唇相譏，你們就不會發現這個祕密。只有靜靜地坐下來，聽客戶說出他們的方案，你慢慢才會明白這個道理。「聽」的藝術是至關重要。

☑充分顯示我方的優點

商務談判有一個普遍規律——客戶的要求越多，你的優點也就越多。客戶想把你們十萬美元的價格砍到八萬美元，你們就會回答說：「你們應該付我們十萬美元，因爲我們的服務（或商品）有許多優點。」作爲推銷員，他們熟悉客戶，能向他們說明自己的服務或商品有哪些新的優點。儘管這些優點沒有增加你們的成本，但能使你們有充分的理由開這個價。

☑及時讓步，讓談判走向成功

每當你們向客戶作一次讓步，同時應該得到相應的回報和彌補。但是不能讓談判成爲虛耗時間的遊戲，直到最後，由於某種原因，談判卻無疾而終。

在銷售和談判活動中，要努力做「促使交易成功者」，和對方達成交易。每當你做出一個讓步時，都會希望這樣能有助於交易成功。有句格言說得好：「爲了成交，我願意做一切有必要的事情。」

比如說，有個專案你要價九萬美元，他只給八萬美元，並且明確告訴你們，只要你們接受這個價格，專案就成交。然後幾經討價還價，他仍然堅持八萬美元，那麼，你只有讓步同意。

這種策略只限於談判的關鍵階段使用。它不僅能夠促使不易對付的客戶同意成交，而且能夠阻止他們提出更多的苛刻要求。

☑千萬別說你不答應

一家公司的老闆詢問一名最受信任的助手，某項談判工作進行得怎麼樣了。

助手回答說，談判對方的要求太苛刻。接著，他又說：「當然，我告訴他們這是癡心妄想，我們絕不會答應這些條件。」

老闆馬上打斷他的話，道：「千萬不要告訴對方你絕不答應什麼！你的選擇越多，拖住他們的時間越長，你的立場就越穩固、越有利。」

這使我們想起了有一位父親對性情魯莽的兒子說的話：「出了家庭以外，千萬不要把你的真實想法告訴別人。」但實際上，商場上的許多人都違背了這個基本原則，也許是因爲他們沒有意識到這個原則。

他們說：「我付款絕不超過十萬美元。」其實你知道只要對他們說些委婉動聽的話，他們就會付出更多的錢。

他們說：「這次我要價不得少於十萬美元。」這也是愚蠢透頂的裝腔作勢，其實他們完全可以接受低於十萬美元的價格。他們說：「我從來不爲這位經理工作。」這樣的說法就會毫無必要地減少了一個選擇工作的機會。

「告訴別人你絕不答應做某事」類似於最後通牒。而最後通牒有一正一負兩方面的作用，負作用就是它能使談判陷入徹底破裂。這就好比他們對別人關了大門，又希望別人再來敲門，和他們重新聚在一起，可是，別人再也不會來敲門了。

人們違反了「千萬不要說你絕不答應做某事」的原則，幾乎都是由性格的弱點或者錯誤的自尊意識造成的。他們常常誇大自己或者商品、服務的價值，公開處於進攻位置，結果他們失去的機會比創造的機會還要多。

☑以毒攻毒，拆散對方的平台

有位名叫勒緒費的美國商人想在斯騰塔島購置一塊地皮。與他打交道的賣主是個地產大王，此人精於討價還價，只有在他認爲再也榨不出更多的油水時才會成交。

在談判中，地產大王善於施展一種叫做「平台」的手法。一開始時，這個刁鑽的賣主會派一個代理人來和買方見面，磋商價錢。在握手告別時，你會以爲買賣的價格和條件已經談妥了。然而當買方和賣主本人會面後，卻發現那不過是買方願出的價而已，而不是他肯接受的賣價。接著，他自己又開出一些根本沒磋商過的新要求，把價錢抬得更高，使成交的條件對他更有利。他用這種辦法把售價抬高到一個新的「平台」上迫使對方接受。

由於當時斯騰塔島上正興起地產熱，人們都瘋狂地介入房地產，因而，他的辦法在大多數情況下往往都能奏效。人們在別無選擇的情況下付給他更高的錢，他也因此而財富大增，財源源源滾滾而來。

除了「平台」策略外，他還有一種伎倆，那就是要買方在成交後十五天就過戶，而根據一般做法，過戶期一般都是在合約簽訂後四十五天～一百天之內，他用這個手段逼迫買主做出更多讓步。

他要這套手法十分得心應手，而且善於掌握火候，不會把對方逼過了頭，而使生意告吹。他要這套「平台」手法，往往還會拿起筆來準備在合約的最後文件上簽字時，又把筆擱下，提出「最後一個條件」，再繼續談判，這種非凡的本領，奧妙在於掌握對方的忍耐能維持到什麼程度。

可是，這位賣主正想對勒緒費也來這一手時，就被勒緒費識破了。勒緒費自有對策，他的對策可以稱之爲「拆台」。當賣主想把他往第一個「平台」上推時，他微微一笑，開始講起故事來。

他編造了一個叫做多爾夫的人物。他說，他從來沒能從這位多爾夫先生手中買成一塊地皮，因爲每當他認爲雙方已談妥成交之時，多爾夫總是又提出更多的要求。多爾夫從來不知道滿足，非要把條件抬到對手無法容忍、買賣就此告吹的地步不可。

「拆台」確實是一項有力的對策。那位賣主剛想把勒緒費往「平台」上推，勒緒費就緊盯住對方的眼睛，笑著說：「您瞧，您怎麼做起事來也像多爾夫先生一樣。」

就這樣，他把那位賣主弄得動彈不得，半點也施展不開他的「平台」伎倆。

這種以毒攻毒的應變對策，是在談判者預先發現談判對手的攻擊傾向，就能夠及時判斷出談判對手下一步所要玩弄的手段，搶先給對手下馬威，使他所要施展的手法失去用武之地。

六、高手臨場「三點技巧」

㈠迂迴戰術

一名叫史磺的實業家，已七十多歲了仍舊活躍於商界。他知道他那自認是房地產開發專家的兒子，正一頭栽進非他能力所及的公寓計劃。老史磺不願意花自己的錢，便決定貸款。他找來會計師——無懈可擊的霍夫曼太太，替他安排與銀行代表魏得曼先生見面。史磺和霍夫曼準時赴約，時間是史磺安排的。

他當然是有備而來：他挑的銀行、時間和銀行代表，一切都配合得天衣無縫，他知道魏得曼有兩大嗜好：網球與歌劇。兩人會面就從一些無關痛癢的應酬話帶入，史磺平常不太說話，現在居然滔滔不絕。

先說網球——他自己曾參加過一九三一年溫布敦網球大賽第一回合的比賽，當然，久已遺忘的比賽情景又浮現眼前。接著再談歌劇，他對畢洛特（德國巴伐利亞地區紐倫堡東北的一個城市）舉辦的瓦格納四十週年歌劇紀念大會的精采節目，更是如數家珍。

下班鐘響了，行員整理桌子，「回家的時間到了」行員的動作透露出訊息。一向很「準時」下班的魏得曼，手指頭緊張地輕輕敲打著桌上那份史磺的檔案，他真的打算就在這個下午能和史磺達成協定——也讓自己能在星期一的例行會上把卷宗呈給上級看。史磺卻在一旁若無其事地等著。

五點十分，史磺起身看了看錶，說這次會談讓他很愉快，不過他還有事得先走一步了。當魏得曼幫他穿上大衣，兩人轉身走向電梯時，這趟會面的真正目的才算真正起了個頭——是魏得曼提的。魏得曼說：「史磺先生，你不是來談抵押貸款的事嗎？」史磺說：「抵押貸款？霍夫曼，你要我來是來談貸款的事嗎？」

「當然啦！」看得出來，這整件事都是「霍夫曼」的傑作！史磺從頭到尾都沒提「貸款」，是魏得曼自己提出來的。當然，貸款的條件也就留給他傷腦筋啦，就在他們兩位都還站在電梯門口時，魏得曼提條件了。

利率爲六・一八％——而通常銀行貸款的利率是七％。條件可以說好的不得了！

史礦的例子說明了：離開談判桌，並不是因爲你不想做成這筆生意，有時候，反倒是你要成交的竅門。

☑隨時準備說「不」，就容易掌握主動權

多年以前，哈維・麥凱曾當過一位很棒的美式足球員的免費經紀人。那位足球員叫安得，當時有兩支隊伍在爭取他——加拿大足球聯盟的多倫多冒險者隊以及國家足球聯盟的巴爾的摩小馬隊。安得生長在貧窮的黑人家庭中，兄弟妹妹連他共九人。

情況很明顯，麥凱一定得要爲他爭取到最好的待遇，而且得在兩大球隊間做好選擇——一位是多倫多隊的巴賽特，另一位是巴爾的摩隊的羅森布倫。巴賽特是多倫多一家報社的老闆，事業做得有聲有色；羅森布倫從事服裝業和運動業，也賺了不少。兩人都有三個共同點：極有錢、極好勝、極精明。當然，麥凱也並非是泛泛之輩。

首先，麥凱讓羅森布倫知道他要先跟多倫多隊談談。見到巴賽特後，他果然開出了很吸引人的價碼。這時，麥凱憑直覺告訴自己：快走，快離開此地，到巴爾的摩去。所以麥凱說：「非常謝謝您，巴賽特先生。您開價這麼高，我們一定會謹慎考慮。我們會再跟您聯繫。」

巴賽特則冷笑了一下，說：「不過，我要補充一點，我開的價碼只有在這房間裡談妥才算數，你一離開這房間，我就立刻打電話給巴爾的摩的羅森布倫先生，告訴他我對這個球員已經沒有興趣了。」尷尬呆站一、兩分鐘後，麥凱問：「我可不可以和我的客戶在隔壁房間商量一下？」要求照准。

麥凱猜測房間中央那張桌子下面大概裝有竊聽器，所以就把安得拉到窗戶旁低聲跟他說：「安得，我們一定要爭取一點時間，馬上趕到巴爾的摩去，就假裝你受不了壓力，精神崩潰了，或者我告訴他，我必須趕回明尼亞波利斯去交涉一些勞工問題。」

安得看著麥凱，好像麥凱已是精神崩潰發瘋的人似的，那麼大一筆錢啊！而麥凱居然拿他的前途開玩笑，但最後麥凱還是用處理勞工問題作爲離開的藉口。

麥凱說：「巴賽特先生，今晚我一定得趕回明尼亞波利斯去協調一些勞工問題。安得這件事，還有很多要謹慎考慮的，我明天再給您答覆。」

巴賽特拿起電話。難道他要打電話給羅森布倫嗎？好險！是找他的祕書。他說：「我們那三架小型噴射機在不在？派一架送麥凱先生和安得先生回明尼亞波利斯。」三架小型噴射機！就在麥凱身後的安得呼吸已愈來愈急促。不過，這回麥凱先生可是又尷尬得手足無措了，既然已經厚著臉皮撒了這個瞞天大謊，又當場被逮住，沒辦法，只剩一條路可走了。

麥凱說：「巴賽特先生，我想您也別麻煩打電話到巴爾的摩去了，這樁生意我們不做了。」安得當時差點氣病了。不過，次日他們到了巴爾的摩和羅森布倫簽約，條件比巴賽特那邊更好。

後來安得為巴爾的摩整整效力十年，也打進兩回超級杯。之後，羅森布倫把加盟職業隊的權利賣給洛杉磯公牛隊時，只帶了一位球員跟著他到加州，那位球員就是安得。

在這回談判中，麥凱先生掌握了兩項很重要的訣竅：第一是隨時準備說「不！」第二是在談判中，最有力的工具是掌握情報。巴賽特之所以希望安得在離開他辦公室之前簽約，只有一個原因：他知道羅森布倫提供的條件比他要好。一個精明的商人，單憑直覺就知道絕不能在那種情況下簽約。

也許就是明天，你會很驚訝地發現：只要你掌握了說「不！」的訣竅，你的談判條件很自然地會水漲船高。身為買方，你必須警覺到：賣方可是一直在算計著你，想辦法立即成交。時間對賣方永遠是不利的因素，對你可不是，時間拖得愈久，錢在你手上也愈久，你掌握交易條件的時間也會對你愈有利，因為你能掌握交易的條件。這就是為什麼賣方總在暗示你當機立斷，現在就買，如果你不為所動，他們就會想法子讓步。

可是，他們會怎麼做呢？

如果賣方搬出「某某是我的老顧客，他就想要這個東西」類似的話來套住你，慫恿你下決心的話，這時你可別上當，得趕緊拿出對策來。

學會說「不」，主動權就會掌握在你手裡！

採取適當的策略，打破談判僵局

不論是談判中的何種僵局，其形成都是有一定原因的。只要我們能夠對這些原因準確地加以判斷與適度地掌握，突破僵局也就不成問題了。

一、形成僵局的主要原因

☑立場觀點的爭執

綜觀許多談判，其產生僵局的首要原因，就在於雙方所持立場觀點的不同，因而產生爭執，形成僵局。

洽談過程中，如果對某一問題各持自己的看法和主張，並且誰也不願做出讓步時，往往容易產生分歧，爭執不下。當雙方越是堅持自己的立場，雙方之間的分歧就會越大。這時，雙方真正的利益被這種表面的立場所掩蓋，而且爲了維護各自的面子，非但不願做出讓步，反而會用頑強的意志來迫使對方改變立場。於是，談判變成了意志力的較量，談判自然陷入僵局。

談判雙方在立場上關注越多，就越不能注意調和雙方利益，也就越不可能達成協定。甚至談判雙方都不想做出讓步，或以退出談判相要挾，這就更增加了達成協定的困難。拖延了談判時間，容易致使談判一方或雙方喪失信心與興趣，最終使談判以破裂收場。立場觀點的爭執所導致的談判僵局，是比較常見的，因爲人們最容易在談判中犯了立場觀點性爭執的錯誤，這也是形成僵局的主要原因。

☑有意無意的強迫

談判中，人們常常有意無意的因爲採取強迫手段，而使談判陷入僵局。特別是涉外商務談判，由於不僅存在經濟利益上的相爭，還有維護國家、企業及自身尊嚴的需要。因此，某一方越是受到逼迫，就越是不會退讓，談判的僵局也就越容易出現。

☑洽談人員素質不符

事在人爲，人的素質因素永遠是引發事由的重要因素。談判也是如此，洽談人員素質不僅始終是談判能否成功的重要因素，而且當雙方合作的客觀條件良好、共同利益較一致時，洽談人員素質高低往往具有決定性作用的因素。

事實上，僅就導致談判僵局的因素而言，不論是何種原因，在某種程度上都可歸結爲洽談人員素質的原因所致。因爲有些僵局的產生，很明顯地是由於洽談人員的素質欠佳，在使用一些策略時，因時機掌握不好、或運用不當，也往往導致談判過程受阻及僵局的出現。因此，無論是洽談人員作風方面的原因，還是知識經驗、策略技巧方面的不足或失誤都可導致談判的僵局。

☑訊息溝通的障礙

由於談判本身就是靠「講」和「聽」來進行溝通的。事實上，即便一定完全聽清了另一方的講話內容並予以了正確地理解，而且也能夠接受這種理解，但這仍不意味著就能夠完全掌握對方所要表達的思想內涵，因此洽談雙方訊息溝通過程中，失真現象是時常發生的事。

由於雙方訊息傳遞失真而使雙方之間產生誤解而出現爭執，並因此使談判陷入僵局的情況是屢見不鮮。這種失真可能是口譯方面的，也可能是合約文字方面等等，這都屬於溝通方面的障礙因素。

訊息溝通本身，不僅要求真實、準確，而且還要求及時迅速。但談判時，卻往往由於未能達到這項要求而使訊息溝通產生障礙，進而導致僵局。這種訊息溝通障礙就是指雙方在交流彼此情況、觀點，商談合作意向、交易的條件等等的過程中，所能遇到由於主觀與客觀的原因所造成的理解障礙。

主要表現爲：雙方文化背景差異所造成溝通障礙；由於職業或受教育程度等所造成的一方不能理解另一方的溝通障礙；以及由於心理因素等原因造成的一方不願接受另一方意見的溝通障礙等等，都可能使談判陷入僵局。

☑合理要求的差距

從談判雙方各自的角度出發，雙方各有自己的利益需求。當雙方各自堅持自己的成交條件，而且這種堅持雖相去甚遠，但卻是合理的情況時，這時只要雙方都迫切希望從這樁交易中獲得所期望的利益，而不肯作進一步的讓步，那麼談判就很難前行，交易也沒有成功的希望，僵局也就不可避免會產生。

這種僵局出現的原因就在於雙方合理要求差距太大，無法形成共識所致。在業務談判中，即使雙方都表現出十分友好、真誠與積極的態度，但是如果雙方對各自所期望的利益存在很大差距，那麼就難免會出現僵局。

以上是造成談判僵局的幾種因素。談判中，很多洽談人員害怕僵局的出現，擔心由於僵局而導致談判暫停乃至最終宣告破裂。其實大可不必如此，談判經驗告訴我們，這種暫停乃至破裂並不絕對是壞事，因為，談判的暫停，可以使雙方都有機會重新審慎地回顧各自談判的出發點，既能維護各自的合理利益，又能發覺雙方的共同利益。

如果雙方都逐漸認識到彌補現存的差距是值得的，並願採取相應對的措施，包括做出必要的進一步妥協，那麼這樣的談判結果也真實地符合談判原本的目的。即使出現了談判破裂，也可以避免非理性的合作——無法同時給雙方都帶來利益上的滿足或似乎形成了一勝一負的結局。實際上，失敗的一方往往會以各式各樣的方式來彌補自己的損失，甚至以各種隱蔽方式挖對方牆腳，結果導致雙方都得不償失。

所以說，談判破裂並不總是以不歡而散而告終的。雙方透過談判，即使沒有成交，但彼此之間加深了瞭解、增進了信任，並為日後的有效合作打下了良好的基礎，從這種意義看來，也並非壞事，倒可以說是在某種程度上是一件有意義的好事。

因此，僵局的出現並不可怕，更重要的是要正確地對待和認識它，並且能夠認真分析導致僵局的原因，以便對症下藥打破僵局，使談判得以順利進行。

二、尋求化解僵局的手段和方法

業務談判的目的就是要獲取利益，雙方的利益又不可能一致，那麼，業務談判的磋商，首先就是在雙方的利益分歧點上展開交鋒。

在交鋒階段，爲了達成自己的目的，一定要勇往直前，不可退縮，而且一定要堅持自己的既定原則和立場。有時扮演「啞巴」的角色是一項有效的辦法。在談判桌上，置對方的要求於不理，或者不想聽而裝作沒聽到，則會瓦解對方的攻勢。但是，這個方法一定要掌握適度。一旦引起對方反感，則弄巧成拙，對方會越堅持，反而不肯讓步。

在交鋒階段，雙方唇槍舌劍，都力圖說服對方，雖然唇「槍」舌「劍」，但一定要注意用語措詞，像懷疑對方的實力、懷疑對方的許可權之類的話更是大忌。如果這樣的話是對方說出來的，你一定要平心靜氣、寬容看待，婉轉陳述自己的意見，取得對方理解。當然，這也要掌握適度，如果對方一再說出這種話，就要給予有力的回擊。

在交鋒階段，雙方討價還價，是磋商階段中最困難、也是最關鍵的一步，洽談能否成功，就在此一舉。因此，要本著互惠互利的宗旨，表現出極大勇氣和毅力，運用種種策略方法說服對方。而要達成此目的，首先就是要找出雙方之間的真正差異，找對了問題的真正所在，才能夠保持清晰的頭腦，透過鬥智鬥勇，時時處於主動地位。

在交鋒階段，一方面要攻，另一方面要守，無論攻守，都必須講究策略和技巧。業務談判在進入磋商階段後，談判雙方有可能因爲某種原因而互不讓步，相持不下，這種進退兩難的境地，稱爲「僵局」。爲了維持洽談的繼續進行和取得成功，必須採取一定的方法和策略化解僵局。爲了化解僵局，首先要瞭解形成僵局的原因。

洽談雙方都是爲了一定的利益目的而走到談判桌前，磋商範圍只要是都高於雙方底價的要求，任何矛盾和衝突都是可以透過磋商解決的，這也正是磋商的目的和意義所在。形成僵局的主要原因常常因爲雙方的感情、情緒等主觀因素。談判者開始業務談判之後，一定要冷靜、理智，以避免雙方在類似問題上過多糾纏，形成僵局。一旦洽談陷入僵局，要積極主動地分析形成僵局的原因，尋求化解僵局的手段和方法：

☑變換議題

洽談一旦陷入僵局，雙方可以把引起僵局的議題擱置一旁，先談其他議題。等其他議題談妥，再重新商談引起僵局的議題。這就像在考試等事情中「先易後難」的做法一樣。

☑變換主談人

有好多談判的僵局是因爲感情因素形成的。一旦陷入僵局，雙方的態度都不容易改變，會直接危及談判，這時最好的方法就是更換主談人，新的主談人就可以在新的基礎上，重新開始談判。

☑暫時休會

談判雙方「感情」上較勁只是一時激動，透過暫時休會，待雙方情緒平靜後，重新談判。在平靜、諧和的氣氛中談判，才能真正談出成果。

☑尋找第三方案

當談判雙方對對方的方案互相不同意時，應該停止爭執，共同尋求照顧雙方利益的第三方案。

☑尋求調解人

談判陷入僵局之後，洽談雙方可以借助於調解人化解僵局，走出困境，再重新談判。

☑問題上呈

談判雙方在某一問題上陷入僵局，可以分別把問題回報給各自的上級主管，由領導者提供解決方案。

☑由雙方專家單獨會談

引起談判陷入僵局可能涉及某些專業問題，這時候，可以聘請專家單獨會談，比如技術問題就要請技術專家各自會談。同行之間的溝通，將有助於在焦點問題上取得進展，化解僵局。

談判陷入僵局，需要有一方採取主動，如果主要責任在對方，或者有把握對方會採取主動，則可安靜地觀察等待其變化。在洽談的實際進程當中，引起談判僵局的具體原因不同，化解談判僵局的方法應有所不同，應在掌握了上述方法的基礎上，舉一反三，靈活運用。

三、突破談判僵局的策略與技巧

在談判遇到僵局的時候，要想突破僵局，不僅要分析原因，而且還要搞清楚分歧的所在環節及其具體內容，比如是價格條款問題，還是法律合約問題，或是責任分擔問題等等。在分清這些問題基礎上，進一步估計目前談判所面臨的形勢，檢查一下自己曾經做出的哪些承諾和可能存在的不當之處，並進而認真分析對方爲什麼在這些問題上不願意讓步，困難之所在等等。

特別是要設法找出造成僵局的關鍵問題和關鍵人物，然後再認真分析在談判中受哪些因素的制約，並積極主動地做好與有關方面的疏通工作，尋求理解、幫助和支援。透過內部協調，就可對自己的進退方針、分寸做出大致的選擇，然後認真研究突破僵局的具體策略和技巧，以便確定整體行動方案，並予以實施，最終突破僵局。

常見的用以突破僵局的策略與技巧主要有以下幾種：

☑從客觀的角度來關注利益

在談判陷入僵局的時候，人們總是自覺或不自覺地脫離客觀實際，盲目地堅持自己的主觀立場，甚至忘記了談判的出發點爲何。因此，爲了有效地克服困難、打破僵局，首先要做到從客觀的角度來關注利益。

在某些談判中，儘管雙方有共同利益，但在一些具體問題上雙方存在利益衝突，而又都不肯讓步。這種爭執對於談判全局而言，可能是無足輕重，但是如果處理不當，由此而引發的矛盾激化到一定程度即形成了僵局。

由於談判雙方可能會固執己見，因此找不到一項超越雙方利益的方案來打破這種僵局。這時，應設法建立一項客觀的準則，讓雙方都認爲是公平的，既不損害任何一方的面子，又易於實行的辦事原則、方式或衡量事物的標準，這往往是最有效率的樞紐型策略，這種策略實際運用效果很好。

在客觀的基礎上，要充分考慮到雙方潛在的利益到底是什麼，進而理智地克服一味地希望透過維持自己的立場來贏得談判的做法。這樣，才能回到談判的原始出發點，才有可能突破談判的僵局。

☑從不同的方案中尋找替代方案

業務談判過程中，往往存在多種可以滿足雙方利益的方案，而洽談人員經常簡單地只採用某一方案，而當這種方案無法被雙方所同時接受時，僵局就會形成。

業務談判不可能總是一帆風順的，雙方之間產生互相摩擦是很正常的事情。這時，誰能夠創造性的提出可供選擇的方案，誰就能掌握談判中的主動權。當然這種替代方案一定既能有效地維護自身的利益，又能兼顧對方的利益要求。

不要試圖在談判一開始就確定一個唯一的最佳方案，因爲這往往阻止了許多可供選擇的其他方案的產生。相反，在談判準備期間，就能夠構思出彼此有利的更多方案，往往會使談判如順水行舟，一旦遇到障礙，只要及時調撥船頭，即能順暢無誤地到達目的地。

☑從對方的無理要求中據理力爭

有時，當業務談判陷入僵局時，客客氣氣地商議、平心靜氣地諒解往往並不一定是唯一解決問題的好辦法。如果這種僵局完全是由於對方理虧所致，那麼就要勇敢地據理力爭，進而主動打破僵局。

如果僵局的出現是由於對方提出的不合理要求造成的，特別是在一些原則問題上所表現的蠻橫無理時，則要做出明確而又堅決的反應。因爲此時任何其他替代性方案都將意味著無原則的妥協，而這樣做只會助紂爲虐，增加對方日後的慾望和要求，而對於我方自身來說，卻要承受難以彌補的損失。因此，要和對方展開必要的爭執，讓對方自知觀點難立，不可無理強爭，這樣就可能使他們清醒地權衡失與得，做出相應的讓步，進而打破僵局。

需要指出的是，當我們面對對手的無理要求和無理指責時，採用一些機智的辦法對付，往往比直接正面交鋒要有利，因爲這同樣可以避免針鋒相對，而能據理力爭，這也是談判的藝術所在。

☑站在對方的角度看問題

談判雙方實現有效溝通的重要方式之一，就是要設身處地，從對方的角度來觀察問題，這同樣是打破僵局的好辦法。當談判陷入僵局時，如果我們能夠做到從對方角度思考問題，或設計引導對方站到我方的立場上來思考問題，就能夠增加彼此之間的理解。這對消除誤解與分歧、找到更多的共同點、構築一個雙方都能接受的方案等，有積極的推動作用。

的確，當僵局出現時，首先應審視我們所提的條件是否是合理的，是不是有利於雙方合作關係的長期發展，然後再從對方的角度看看他們所提的條件是否也有道理。如果善於用對方思考問題的方式進行分析，就會獲得更多突破僵局的方案。可以肯定地說，站在對方的角度來看問題是很有效的，因爲這樣一方面可以使自己保持心平氣和，可以在談判中以通情達理的口吻表達我們的觀點，另一方面可以從對方的角度提出解決僵局的方案。這些方案有時確實是對方所忽視的，所以一經提出，就會很容易爲對方所接受，使談判順利地進行下去。

☑從對方的漏洞中借題發揮

在一些特定的形勢下，抓住對方的漏洞加以小題大作，會讓對方措手不及，這對於突破談判僵局會引起意想不到的效果，這就是從對方的漏洞中借題發揮的策略。

從對方的漏洞中借題發揮的做法，有時被看作是無事生非、有傷感情的做法。然而，對於談判對方某些人的不合作態度或試圖恃強欺弱的做法，運用從對方的漏洞中借題發揮的方法做出反擊，往往可以有效地使對方的行爲或態度有所收斂。

相反的，不這樣做反而會招來對方變本加厲地進攻，使我方在談判中進一步陷入被動局面。事實上，當對方不是故意地在爲難我方，而我方又不便直接了當地提出指正時，採用這種旁敲側擊的做法，往往可以使對方知錯能改，主動合作。

☑當雙方利益差距合理時，即可釜底抽薪

談判陷入僵局時，如果雙方的利益差距在合理限度內，即可採用釜底抽薪策略來打破僵局。釜底抽薪和孤注一擲、背水一戰相似，是有風險的策略，是指在談判陷入僵局時，有意將合作條件絕對化，明確地表明自己已無退路，希望對方能讓步，否則我方情願接受談判破裂的結局。

運用釜底抽薪策略解決僵局的前提是：雙方利益要求的差距不超過合理限度。只有在這種情況下，對方才有可能忍痛割捨部分期望利益、委曲求全，使談判繼續進行下去。相反的，如果雙方利益的差距太大，只靠對方單方面的努力與讓步，根本無法彌補差距時，則不能採用此策略，否則就會使談判破裂。

需指出的是，這項策略不可輕易地採用，必須在符合上述條件時方可運用。但是，當談判陷入僵局而又實在無計可施時，這項策略往往是最後一個可供選擇的策略。在做出這個選擇時，我們必須要做好最壞的打算，否則就會顯得茫然失措。切忌在毫無準備的條件下盲目濫用這項做法，因爲這樣做只會嚇跑對方，結果將是一無所獲。

另外，在整個談判過程中，我們應該嚴格地遵守商業信用和商業道德，不能隨意承諾，但一旦承諾就要嚴格兌現。因此，如果由於運用這項策略而讓僵局得以突破，我們就要兌現承諾，與對方簽訂協定，並在日後的執行中，充分合作，保證洽談協定的順利執行。

☑有效的退讓也是瀟灑的策略

對於談判的任何一方而言，坐到談判桌上來的目的主要是為了成功——達成協定，而絕沒有抱著失敗的目的前來談判的。因此，當談判陷入僵局時，我們應清醒地意識到：如果促使合作成功所帶來的利益沒有大於堅守原有立場而讓談判破裂所帶來的好處，那麼有效的退讓也是我們應該採取的策略。

如果是一個成熟的談判者，這時他應該明智地考慮在某些問題上稍作讓步，而在另一些方面去爭取更好的條件。比如，在引進設備的談判中，有些洽談人員常常會因為價格上存在分歧意見而使談判不歡而散，卻造成像設備的功能、交貨時間、運輸條件、付款方式等等問題尚未來得及涉及，就匆匆地退出了談判。

事實上，作為購貨的一方，有時完全可以考慮接受稍高的價格，而在購買條件方面，就有更充分的理由向對方提出更多的要求。如增加相關的功能、縮短交貨期限，或在規定的年限內提供免費維修的同時，爭取在更長的時間內免費提供易損耗品或分期付款優惠等等，這樣的做法比起匆匆結束談判的做法要聰明得多。

菁英培訓版
MEMO

談判實戰技巧

♠把目光放在談判場外

♠在業務談判報價中掌握主動

♠掌握最基本的談判策略，破解對方的各種招數

♠運用邏輯策略，擺脫困境出奇制勝

第一節 把目光放在談判場外

一、在談判對手身上下功夫

紐約的迪巴諾麵包公司遠近聞名。他們的麵包暢銷各地，可是附近的一家大飯店卻沒有向這家公司買過麵包。麵包公司經理及創始人迪巴諾每週都去拜見這家飯店的經理，已經持續四年多了，可說是窮追不捨。迪巴諾絞盡腦汁做了種種努力，例如參加飯店主持的各種活動，以客人的身分住進飯店等，但即使如此，一次又一次地推銷麵包的談判都以失敗告終，迪巴諾用心良苦，四年多的努力怎麼能半途而廢呢？

迪巴諾意識到問題的關鍵是要找到實現談判目的的技巧。他一改過去的做法，開始關心飯店經理。經過調查，他瞭解到飯店經理熱衷於美國飯店協會的事業，他同時是該協會的會長，他一直堅持參加協會的每一屆會議。迪巴諾就此下功夫，對該協會做了較透徹的研究。

迪巴諾再一次去拜訪飯店經理時，閉口不談麵包的事，而是以協會爲話題，大談特談，這果然引起了飯店經理的興趣。他神采飛揚，談興極佳，和迪巴諾談了三十五分鐘有關協會的事，而且還熱情地請迪巴諾加入該協會。

這次「談判」結束以後，沒有幾天工夫，迪巴諾就接到了飯店採購部門打來的電話，請他把麵包的樣品和價格表送去。這個消息著實讓迪巴諾驚喜萬分，連飯店的採購人員也好奇地說：「我真猜不透你是使出了什麼絕招，讓我的老闆賞識你呢？」

迪巴諾慶幸他終於醒悟，明智地找到了打動飯店經理的策略，否則的話，恐怕他現在仍跟在飯店經理身後窮追不捨呢，而且還不知這種持久戰要打多久。

商業談判實質上是競爭雙方爲了各自的利益而展開的面對面的爭奪，這顯然是一場智慧的較量。然而在很多時候，由於雙方各執一端，正面謀合的契機極少，這就需要你盡力從側面加以突破，抓住對方在正面競爭以外的契機。例如其事業興趣、業餘愛好、人際關係等各方面，利用這些作爲突破點，讓對方在這些方面得到一些無意識的滿足，也就是人們常說的「投其所好」。掌握好這點、你的正面攻擊很可能會勢如破竹，決勝千里。

無論是正規的商貿談判，還是一般的推銷業務洽談，都要有「人」的參加。因此，要想獲得談判的成功，除注意實力、技巧等等以外，在人本身上下功夫，也能收到相當不錯的效果。因此，掌握了談判對手的特點、習慣，將有助於談判進展，最起碼也可以避免在一些方面犯不該犯的錯誤，影響談判。

☑先信任，後生意

雖說是商業社會，但「信任」還是關係重大。談判者請律師和訂合約的事越來越多，這些並不能取代談判者互相信任的必要性。不過，除非先建立信任關係，否則律師和合約可能永遠不會進入談判之列。對手如果不信任你，即使他們對你的建議感興趣，可能也不會和你做生意。談判中，懷疑通常會打消賺錢的願望，所以和人談生意的第一項原則是：先信任，後生意。

☑遵守等級制度

現代人的等級意識相當濃厚，同時又相當地保守。和你談判的人員，往往是客戶的上等階級，而且有一定的年齡。故此，這些人的等級意識和保守性就更甚，他們認爲不遵守這些等級制度的人是不文明的。

判斷你是否能夠與之來往的文明人，往往是經理人員最先考慮的問題。談判對手可能先是確信，透過同事和朋友的反饋證實，你的確是他發現的一個與眾不同的談判對手，一個真正文明的談判者，然後才能開始真正地把你看成夥伴、賣主或者甚至買主。

☑不能違背禮節

談判規定的各種禮儀是不能違背的，它們保留至今是爲了得到遵守。因此，談判對手不會原諒違背當地禮節的行爲，特別是社交場合令人尷尬的失禮行爲，儘管這是由於你的無知造成的。在談判桌上，「無知」是最無法容忍的藉口。談判對手可能因爲你態度謙恭而不公開指出你的錯誤，但是他會記在心上。

☑不要炫耀自己的熱情

對待談判對手不一定要鬱鬱寡歡，但也不過分熱情。他們往往謹慎、冷靜、善於分析、老成持重，不輕易做出承諾，記住過去的教訓而對未來想得很遠，他們最不喜歡壓力。許多談判對手因爲對方做生意的熱情太高而打消了合作的念頭。一般而言，你的熱情會引起了對方的戒心，因此談判時千萬不要表現自己的熱情。

☑重視談判前的閒談

「閒談」不是談判前的事情，而是談判的開始。做不做生意往往是在喝咖啡的瞬間，甚至還沒有討論具體事情以前決定的。必須學會先談一些無關緊要的小事，爾後再談重要的大事。

☑注意談判環境

商人是認真的，因此提供給他們的談判環境應該反映這點，爲他們設計舒服、整潔、清晰、精緻的環境，但要保守，避免用花花綠綠的顏色，要雅緻而不花俏。

☑不要過分依賴律師

談判通常是需要律師的，但這並不說明律師能起很大的作用，即使建立了牢固的關係，在未來的談判中，律師可能也幫不上忙。人們根本不習慣長篇大論的詳細文件，律師的介入有時會使談判複雜起來，許多談判人會就此失敗。

☑先努力透過和談解決矛盾

傳統觀念認爲，訴諸法律控告別人是不得已的做法。如果你和一家公司對合約有意見分歧，解決爭端的辦法最好是由仲裁人在法庭外裁定，而不是由法官在法庭上判決。通常有爭論的雙方應坐下來自己設法解決。

☑準確記住對方提供的所有訊息

一般而言，談判時若是把對方的姓名、品牌、專案、地點、時間等說錯了，往往會給對方一種你不夠嚴肅認真看待的感覺，容易產生厭煩心理，就會影響談判的效果。

因此，談判時一定要準確記住對方提供的所有訊息。

二、讓談判對手之間相互競爭，以獲得「漁翁之利」

瓊斯經營一個俱樂部，最近他想修建一個游泳池，以擴大俱樂部的影響。瓊斯知道，在洛杉磯想要修建一個游泳池是不困難的，而且他的要求也不是很高，只要大小規格按他自己所擁有的土地面積，不超過範圍即可；再就是要有溫水過濾設備，然後要求在五月三十日以前完工並驗收，此外，便沒有其他特別的要求了。

究竟把這項工程包給什麼人？爲了有一定的選擇餘地，瓊斯首先打出了招標廣告。結果，第二天就有三個承包商來投標，瓊斯的目的，自然是想把這項工程包給最低的出價者，但是當他看過三個承包商的標單以後，發現三個承包商的標單所提供的內容都不盡相同，他們所提供的溫水設備、過濾設網、抽水設備、設計、裝飾和付款條件等都差異極大。

承包商普洛格先生報價雖低，只有九萬美元，但他的溫水設備、抽水設備都是低功率的老式機器設備，設計裝飾也極其簡單；而蘭德先生的機器設備是當前最先進的，溫水換水效率極高，一般也不會出什麼故障，不過他的報價是十萬二千美元。而林思先生的報價高得出奇，他要十五萬美元，只是可以分期付款，分期付款的年限是三年，從當年六月一日起，每年六月一日付六萬美元，極可觀的是，他不僅提供的是最先進的溫水、抽水設備和過濾網，而且完工後售後服務長達八年，另外他的設計裝飾非常別緻，游泳池四周的休息長椅都設計成兒童們喜愛的各種動物模樣。

突然間，選擇變得如此複雜，要建這樣一個游泳池是需要審慎考慮的，最好的結果莫過於價格最低、設備最先進、設計最新穎、付款條件最優。

瓊斯絞盡腦汁地思考如何和這幾位先生商談，最後，他決定召開一次競價會，讓三個承包商直接見面，公開競爭。他邀請三個競爭者到他家裡來。普洛格是早上九點鐘，蘭德約好九點十五分，林思則約在九點半。

瓊斯首先是在客廳裡接待他們，跟他們談各方面的條件，同時，也讓他們彼此見面，互相比較而產生一種競爭很強的意識，並明白隨時有可能發生失掉這筆生意的風險。然後，在十點鐘的時候，他分別約三位先生到書房裡詳談，讓普洛格先生在原價的基礎上更換先進的設備。

普洛格先生其實是很聰明的人，他早已瞭解到另外兩位競爭者的底細。他告訴瓊斯，林思手頭目前還有許多未完的工程，他其實很有可能在五月三十日以前是無法完工的，而蘭德正處於破產的邊緣。當然，普洛格還是答應作一點讓步，他同意換用最先進的過濾網，也打算把原來標單上說提供的塑膠管換成銅管，同樣，也答應售後服務八年，分期付款可以考慮並作進一步商量，但必須有條件，分兩年付款，每年五萬美元，即總報價漲到十萬美元。

蘭德和林思後來也都作了一些讓步，蘭德同意降價二千美元，以十萬美元結算。林思也同意把價格降到十三萬五千美元，仍然分三年付款，每年四萬五千美元，他們同樣都宣傳了自己公司的優勢，並提醒瓊斯，如果他接納其他的承包商，會給自己帶來什麼風險。

無論如何，競爭者都作了讓步，同時，瓊斯也透過調查幾個互相衝突的承包商，學到了一些有關游泳池的知識，瞭解到曾一度看來似乎很簡單的游泳池，原來包含了這麼多的微妙和危機。現在，他需要進一步比較分析這三個承包商的優劣。

普洛格和蘭德的要價都是十萬美元，雖然蘭德的溫水設備、抽水設備要比普洛格的先進，但是蘭德公司最近財務狀況不景氣，的確有破產的危險，接受蘭德公司就意味著要冒風險，何況普洛格公司還能提供售後服務並可以分期付款。而林思公司的要價實在太高，儘管他的設計裝飾是比較新穎別緻的，但這對於經營游泳場似乎顯得並不十分重要。當然，他可以進一步爭取讓普洛格公司這麼做。

所以，第三輪商談時，瓊斯請來了普洛格先生，談了自己的想法，告訴了普洛格先生蘭德和林思公司的優勢，同樣也表達了自己願意與普洛格公司合作的意願，只是希望普洛格公司在裝飾設計時能有所改進，自己願意多出五千美元的價款，即付款十萬五千美元，而且追加的五千美元是在第一年付款。

儘管普洛格公司如果接受瓊斯提的條件，在技術上有一定的困難，在經濟上利潤也很微薄，但是考慮到競爭是如此激烈，形勢一直是對買主瓊斯有利，所以最後還是同意與瓊斯簽訂合約，正式成交。

競爭會使得賣主輕易就讓步，這無疑給買主瓊斯先生帶來了極大的利益。

第二節 在業務談判報價中掌握主動

報價，不僅僅是價格方面的要求，泛指談判雙方在洽談專案中的利益要求，即其想達到的目的。談判雙方在經過探底，明確了交易的具體內容和範圍之後，提出各自的交易條件，表明自己的立場和利益。

談判雙方透過報價來表明自己立場和利益要求。但是，任何一方在闡述自己要求的時候，都不會把自己的底價透露給對方，而總是要打個問號，給自己留下討論協商、討價還價的空間。或者以優於底價的條件成交，超過既定目標完成談判；或者以不低於底價的條件成交，完成談判的既定目標。正因爲雙方都有這種考慮，所以，在報價的時候一定要極其謹慎。

一、報價的方式和內容

報價可以「橫向鋪開」，也可「縱向展開」。所謂「橫向鋪開」，就是對自己的立場觀點不作深入的討論，而是把自己方面的利益要求作一個全面完整的陳述，求全而非深。「縱向展開」，就是對所要討論的各個問題，逐個展開協商，深入討論，談完一個再談另一個。

報價的內容包括：我方認爲這次洽談應該包括的問題、雙方的利益要求、我方可以讓步的條件等。當然，這種開誠佈公的報價，只是在互相比較熟悉的老對手之間才可以採用，和陌生不瞭解的洽談對手進行談判，則不能這樣報價，也不可能得到對方這樣的明確報價；這時候，就要採取旁敲側擊的方法，儘量明確對方的報價。

在報價階段，各方只是闡述自己的利益要求，所以聽取的一方爲了達到自己的目的，一定要認真聽取對方的報價，儘量全面完整地理解對方的報價，確認對方的主要利益要求和次要要求，以便將來跟對方壓價。

對自己利益的陳述和表達要注意方式和語氣。因爲報價的目的，是爲了表明立場和態度，而不是挑戰，所以要注意以和爲貴。當一方陳述完畢，另一方就可以再陳述自己的立場和觀點，爲了調節氣氛，也可以先討論雙方已經達成一致意見的議題。

二、確定「先報價」還是「後報價」對己方有利

業務談判雙方在結束了非實質性交談之後，就要將話題轉入到有關交易內容的正題上來。一經轉入正題，雙方即開始相互探底。探底的內容不外乎是瞭解對方對本次洽談的態度、興趣、交易的大致內容和範圍、談判的議題等等。探底的目的就是為了提出我方的交易條件，這是為報價作準備。經過探底之後，雙方即開始報價，即應該由哪一方先報價呢？換句話說，我方到底是先報價還是後報價？那要看先報價的利弊關係如何。

就一般情況而言，先報價有利也有弊：

☑先報價的有利點

一方面，先報價對談判的影響較大，它實際上等於為談判劃定了一個框架或基準線，最終協定將在這個範圍內達成。比如，賣方報價某種電腦每台一千美元，那麼經過雙方磋商之後，最終成交價格一定不會超過一千美元這個界限的。

另一方面，先報價如果出乎對方的預料和設想，往往會打亂對方的原有部署，甚至動搖對方原來的期望值，使其失去信心。比如，賣方首先報價，某貨物一千美元一

頓，而買方心裡卻只能承受四百美元一頓，這與賣方報價相差甚遠，即使經過進一步磋商也很難達成協定，因此，只好改變原來部署，或是繼續報價，或是協商告吹。總之，先報價在整個談判中都會持續地起作用，因此，先報價比後報價的影響要大得多。

☑先報價的弊端

一方面，對方聽了我方的報價後，可以對他們自己原有的想法進行最後的調整。由於我方先報價，對方對我方的交易條件的起點有所瞭解，他們就可以修改原先準備的報價，獲得本來得不到的好處。

正如上述所舉的例子，賣方報價每台電腦一千美元，而買方原來準備的報價可能為一千一百美元一台。這種情況下，很顯然，在賣方報價以後，買方馬上就會修改其原來準備的報價條件，於是其報價肯定會低於一千美元。那麼對於買方來說，後報價至少可以使他多獲得一百美元的好處。

另一方面，先報價後，對方還會試圖在磋商過程中迫使我方按照他們的方向談下去。其最常用的做法是：採取一切手段，調動一切積極因素，集中力量攻擊我方的報價，逼迫我方一步一步地降價，而並不透露他們自己究竟肯出多高的價格。

可見，先報價確實有利也有弊。

那麼什麼時候、什麼情況下，先報價利大於弊呢？一般來說，我們要透過分析雙方談判實力的對比情況來決定何時先報價。如果我方的談判實力強於對方，或者說與對方相比，在談判中處於相對有利的地位，那麼我方先報價就是有利的。尤其是當對方對本次交易的行情不太熟悉的情況下，先報價的利更大。因爲這樣可爲談判先劃定一個基準線，同時，由於我方瞭解行情，還會適當掌握成交的條件，對我方無疑是利大於弊。

如果經過調查研究，估計到雙方的談判實力相當，談判過程中一定會競爭得十分激烈，那麼，同樣應該先報價，以便爭取更大的影響力。

如果我方談判實力明顯弱於對手，特別是缺乏談判經驗的情況下，應該讓對方先報價。因爲這樣做可以透過對方的報價來觀察對方的需求，同時也可以擴大自己的思路和視野，然後再確定應對我方的報價作哪些相應的調整。

以上僅就一般情況而言何時先報價利大於弊說明。有些國際及國內業務的洽談，誰先報價幾乎已有慣例可以遵循。比如貨物買賣來說，多半是由賣方首先報價，然後買方還價，經過幾輪磋商後再成交。相反的，由買方先出價的情況是幾乎不存在的。

三、報價應注意的問題

業務談判是利益競爭的場所，爲了達到自己的利益，又必須向對方做出一定的讓步，所以，業務談判既要講競爭又要講合作。堅持自己的要價不鬆口，談不成；過分地退步，談成了，但又會使自己的利益遭受損失。爲了正確地處理好二者的關係，一方面要注意防止保守，另一方面要注意避免激進。

☑防止保守

沒有經驗的談判者往往只是想著，「談判成了，自己會得到什麼利益？而一旦談不成，自己又會失去什麼？」而且大部份的思考也都集中於後者。因此，在談判的時候，容易爲了洽談的成功，而輕易答應對方的報價，或是一味退縮，被對方步步緊逼，失去議價的空間，最終達成於己不利的協定。

只要是走到了談判桌前，那麼任何一方都是有所希求而來，談不成，兩方的損失比爲了談成而作些稍微讓步要更大。明白了這點，就可以盡力爭取自己更大的利益，而不必一味擔心談判無法順利完成。爲了防止保守帶來的兩種危險結果，在談判之前，一定要在底價的基礎之上，爲自己確定一個較高的目標，然後努力去實現。

☑防止激進

參加業務談判，一定要有一個較高的目標，但是目標不能無限的高，不能只考慮自己的利益，而置對方的利益於不顧。一開始就漫天要價，只會導致兩種情形：對方認爲你沒誠意棄你而去，或對方也堅持自己的價格，雙方互不讓步，導致談判步履維艱，形成僵局。

第一種情況主要是對方還有其他潛在的合作夥伴或者對方不跟你談，也能透過別的方式來達成其目的和利益要求。尤其是在當今激烈競爭的商業社會，機會很多，從你那裡放棄的，說不定會有第三者給對手再次送上門。所以洽談一定要有合作的誠意，給自己留餘地，也要顧及對方的利益。

至於第二種情況是對方避不開的，但是一旦做出微小的讓步，實際的代價又太大，令對方損失慘重。這時候，對方是寧可談不成，寧可用拖延戰術，也不會有絲毫讓步。這時候，要價一方只有退縮一途，或是尷尬地堅持自己變得沒有實際意義的要價。

在談判時，一方面要力求保守，另一方面又要防止激進。洽談雙方分別報出了自己的價位之後，接下來的事，就是壓對方的價、保自己的價；而同時爲了壓對方的價，又不得不做出一些讓步，對自己的要求、利益目標放鬆一些，這樣洽談也就進入了反覆磋商的階段。

☑報價應該堅定、明確、完整，且不加任何解釋和說明

報價要堅定、果斷，並且毫不猶豫。這樣做能夠給對方留下我方是認真而誠實的好印象。要記住，任何欲言又止，吞吞吐吐的行爲，必然會導致對方的不良感受，甚至會產生不信任感。

報價要明確、清晰而完整，以便對方能夠準確地瞭解我方的期望。實驗證明，報價時含糊不清最容易使對方產生誤解，進而擾亂我方所定的步驟，對我方不利。

報價時不要對我方所報價格作過多的解釋、說明和辯解，因爲對方不管我方報價的金額多少都會提出質疑的。

如果在對方還沒有提出問題之前，我們便主動加以說明，會提醒對方意識到我方最關心的問題，而對這種問題有可能是對方尚未考慮過的問題。因此，有時過多地說明和解釋，會使對方從中找出破綻或突破點，向我方猛烈地反擊，甚至會使自己十分難堪，而導致無法收場的僵局。

四、準確探知臨界價格

在談判中買方想知道賣方的最低出價，賣方想知道買方的最高接受價，以便判斷出一個雙方都能接受的臨界價格。所以要運用一些技巧從對方口中探聽出來。下面一些技巧能有效地幫助你。

買方可從這些方面著手：

⑴以假設試探。假設要購買更多或額外的產品，價格是否能降低一些。

⑵低姿態試探。買方先告訴賣方，自己沒有那麼多錢來購買這幢房子，但因爲好奇想知道，這幢房子現在能值多少錢，沒有防備的賣方會毫無保留地說出價格。賣方做夢也沒有想到這個人是真正存心要買這幢房子的，不久買方就來和賣方議價了。

⑶派人試探。先讓另一個人出低價來試探賣方的反應，然後真的買方才出現。

⑷大規模購買試探。對於只賣一件東西的賣方，買方可以提議成套購買。賣方會認爲太荒謬，而說出許多不該說的話，使買方知道賣方真正願意接受的價格。

⑸低級購買試探。買方先提出購買品質較差的產品，再設法以低價購買品質較好的產品。

⑹可憐試探。表現出對賣方的產品很感興趣，但資金有限買不起，看賣方能否出個最低價。

(7)威脅試探。告訴賣方，要賣就是這個價，否則就算了。

(8)讓步試探。買方提議以讓步來交換對方的讓步，然後再以此爲起點繼續商談。

(9)合買試探。買方先問賣方兩件產品多少錢，再問其中一件多少錢，然後以這個差價爲基礎購買第二件產品。

賣方可從這些方面著手：

(1)請你考慮試探。賣方先出一個較高價，以此來觀察買方的反應程度。

(2)誘發試探。賣方說以前買方以這個價格成交過，買方如果說他也想以這個價格成交，賣方就心裡有底了。

(3)替代試探。賣方先提出某些沒有的產品，來詢問買方願意付出的價格，然後取而代之以另外的產品求得高價。

(4)告吹試探。賣方對於買方的出價表示十分驚訝，表現出顯然無法作成交易的樣子，然後問買方的最高出價，作爲以後交易的參考。

(5)錯誤試探。賣方先出低價來引起買方的興趣，再假裝發現一個錯誤，撤回低價。

(6)開價試探。賣方先和買方談好交易，在好好考慮後再將價錢提高。

(7)仲裁試探。以強硬辦法逼買方讓步，談判破裂亦無妨，再請第三者來仲裁。

五、告訴對方：接受這個價格，否則就算了

「接受這個價格，否則就算了」，這句話本身就是一種談判策略。許多情況適合使用這種戰略。談判時，這種策略是正當的。但是，應該注意，這種策略會引起對方的敵意，使對方無法保持顏面，進而迫使對方陷入毫無選擇餘地的處境——等於剝奪了對方選擇的自由和自尊。

美國的商業界，大部分都是在這個「要不就接受，否則就算了」的基礎上進行的，例如，店鋪中都是不二價。有的價錢確實公平，可是大部分的價格就像電話費一樣，因規定而成了固定的價格。許多工商業產品和服務便是以相同的方法，以相同的價格賣給所有的顧客。無論如何，它們代表了賣方的價格政策，也是一個便利買方的方法。何況它們都是童叟無欺的。

在某些情況下，「接受這個價格，否則就算了」還是蠻有道理的：

(1)當你不想和對方繼續交易時。

(2)避免由於對某個顧客減價，而導致對所有的顧客減價。

(3)當對方無法負擔失去這項交易後的損失時。

(4)當所有的顧客都已習慣於付出這個價錢時。

(5)當你已經將價格降到無法再降的時候。

假如你不得不採取這種策略，要儘量設法降低對方的敵意。首先，你必須盡可能地委婉拒絕，因爲單單是這種語氣就能使聖人都冒火。倘若我們能夠運用法律的力量，就不致觸怒對方了；當某個價格得到公平交易法、印行的價目表、標籤或者商業慣例的支援，就比較容易被接受了。

同樣的道理，堅定不移的價格如果能配上委婉的解釋和令人信服的證據，也能減低對方的敵意。若要減低對方的敵意，時間是很重要的因素，因爲任何改變都需要一段適應的時間。

「接受這個價格，否則就算了」是談判中的一個正確的策略。許多感到新奇的人反而會歡迎它，因爲這樣可以省下不少討價還價的麻煩。

如果對方採用這種最後通牒的方式——「這已是最後的出價」，該怎麼應付呢？

「這已是最後的出價」聽起來似乎已沒有轉圜的餘地了，其實不然，你可以婉轉地表示出下述意思：使它聽起來像是最後的決定，但是必要時，又能允許你有風度地讓步。所謂的交易要訣，便是要找出使這句話說得模稜兩可的方法。

因爲你永遠無法預先得知對方的心意。假如對方相信你的話，那就有效了；如果他不相信，則不管你說得如何眞切，他仍會向你挑戰的。「言者無心，聽者有意」，人們總是把所聽到的，想得比說話人所要表達的還要複雜。所以你必須說得十分巧妙，在交易不成時，仍有機會維持「買賣不成情義在」的風度。

「最後的出價」能夠幫助也能損害到你議價的力量。假如一個人所說的話不被人相信，談判的氣勢便被削弱了。遣詞用句和伺機而行對於這個戰略的成功與否相關。從對手的立場來說，瞭解這種戰略的微妙是有必要的。如果不愼而忽視了這些妙處，所付出的賭注未免太大了，因爲對方很可能只是虛張聲勢而已。

如果有人向你表示「最後的出價」，不要輕易地相信，你必須先試探對方的決心。以下的建議將會幫助你：

⑴仔細傾聽他所說的每句話，注意，他可能正在閃爍其詞。
⑵不要過分理會對方所說的話，要以你自己的方式聆聽。
⑶替他留點面子，使他有機會收回報價。
⑷假如能達到你的目的，必要時佯裝發怒也是可行的方法。
⑸讓他意識到，如此一來就做不成交易了。

⑹考慮是否要擺出退出談判的樣子，來試探對方的真意。

⑺改變話題。

⑻建議新的解決辦法。

假如，你認爲對方將要採取「最後的出價」戰略時，不妨出些難題，先發制人。有些摩托車手爲了考驗或表現自己的勇氣，常以高速且筆直地衝向其他駕駛者，結果總會有人閃開來以免相互碰撞。

談判時也有相同的情形，當對方下了最後通牒的時候，你就得面臨對方的「最後出價」了，這將使你處於進退兩難的情況。不過，幸運的是，商談裡總會有一條折衷之路可行，你可以裝作沒有聽到，繼續你的言論，等待對方首先提出折衷的辦法。

第三節 掌握最基本的談判策略，破解對方的招數

我們掌握了最基本最常見的談判策略，就可以在洽談活動中靈活地加以運用。同時，對洽談對手的種種策略和手段進行判斷和破解。因爲不管其如何變化，萬變不離其宗。

一、漫天要價

「漫天要價」策略是指賣方提出一個高於己方實際要求的洽談起點，來與對手討價還價，最後再做出讓步，達成協定的洽談策略。

「漫天要價」策略的運用，能使自己處於有利的地位，有時甚至會收到意想不到的效果。一位美國商業談判專家曾和二千位主管人員做過許多試驗，結果發現這樣的規律：如果買方出價較低，則往往能以較低的價格成交；如果賣方喊價較高，則往往也能以較高的價格成交；如果賣方喊價出人意料地高，只要能堅持到底，則在談判不致破裂的情況下，往往會有很好的收穫。

一九八四年，美國洛杉磯成功地舉辦了第二十三屆夏季奧運會，並盈利一億五千萬美元，創造了奧運史上的一個奇蹟。這裡除了其組織者著名青年企業家尤伯羅斯具有出色的組織才能和超群的管理才能外，更重要的是他卓越的談判藝術。第二十三屆夏季奧運會的鉅額資金，基本上可以說是尤伯羅斯談出來的。而他運用的談判策略正是：吊築高台，喊價要狠。

當時，尤伯羅斯一開始就對經濟贊助商們提出了很高的條件，其中包括每位贊助商的贊助款項不得少於四百萬美元。著名的柯達公司開始自恃牌子老，只願贊助一百萬美元和一大批底片。尤伯羅斯毫不讓步，並斷然把贊助權讓給了日本的富士公司。後來柯達公司雖經多方努力，但其影響遠遠不及獲得贊助權的富士公司。

很高的要價並未嚇跑贊助商，由於奧運會的特殊地位和作用，其他各方面的贊助商紛紛前來，並且相互之間展開了激烈的競爭。最後，尤伯羅斯在眾多贊助商競爭者中挑選了三十家，終於寬鬆地解決了所需的全部資金。並使第二十三屆洛杉磯奧運會成為奧運歷史上第一次盈利的奧運會，進而提高了奧運會的身價，也增強了奧運會承辦者的信心。

運作這種策略時，喊價要狠，讓步要慢。憑藉這種方法，談判者一開始便可削弱對方的信心，同時還能趁機考驗對方的實力並確定對方的立場。

當然，「漫天要價」策略並不意味著可以隨心所欲和漫無邊際地喊價。喊價應儘量合理，不要失之輕率，而毀壞了整個交易。並且採用這項策略時，應依不同的談判對手和不同的洽談業務或產品而定。

一般說來，對待不太精通該項談判業務或談判經驗不足的對手，對技術性較強、具有特色、處於賣方市場壟斷性較強的產品或業務，在談判時可運用這個策略。否則，如果談判對手經驗老道，談判的產品或業務不具有壟斷性或特殊性且賣方競爭激烈，則不宜採用此種策略。

那麼，作爲買方如何來破解這項策略呢？要注意以下幾點：

(1)要做好該項業務的調查研究，做到知己知彼。

(2)出價要經過深思熟慮。

(3)如有多個賣方，應貨比三家。

(4)確認對方在運用吊築高台策略時，可提前點破其計謀。

以上技巧，只要運用得當，可以有效地遏制「漫天要價」的策略。作爲買方就要記住：殺價要狠，抬價要少。

二、虛與委蛇

虛與委蛇是指先提出一個低於己方實際要求的談判起點，以吸引對方，試圖首先去擊敗參與競爭的同類對手，然後再與被引誘上勾的賣方進行真正的談判，迫使其讓步，達到自己的目的。

商業競爭從某種意義上可分爲三大類：買方之間的競爭、賣方之間的競爭，以及買方與賣方之間的競爭。

在買方與賣方之間的競爭中，一方如果能首先擊敗同類競爭對手，就會佔據主動地位。當對方覺得別無所求時，就會委曲求全。這種虛與委蛇策略，是一種在多方洽談中競爭的策略。這種策略常在各類經濟業務談判中被運用。

系山英太郎是日本有名的富翁。他想興建一座高爾夫球場來作爲他事業的開端。幾經努力，他終於選中了一塊地，這塊地按市價值兩億日元，可是競爭者很多。如果相互加價，價格就會相應抬高。怎樣才能得到這塊地，而且使價格不至於提高呢？

於是，他找到了地主的經紀人，表明了自己想購買這塊場地的意願。經紀人知道系山是個富翁，便想敲他一筆，說：「這塊地的優越性是無可比擬的，建造高爾夫球場保證賺錢，要買的人很多，如果系山先生肯出五億日元的話，我將優先給予考慮。」

「五億日元嗎？」系山表現出對地價行情一無所知的樣子，「不貴，不貴，我願意購買。」

經紀人很高興地將這個情況向地主作了報告，地主也欣喜若狂，他們都覺得五億日元的價格已高得過頭了，所以回絕了其他的競爭者，所有想購買這塊場地的人聽說自己的競爭對手是大富翁系山，也就紛紛退出了競爭。

可是系山卻再也沒有來找經紀人，經紀人多次找上門去。他不是避而不見，就是推說買地之事尚需斟酌，這可急壞了經紀人，希望系山將買地之事趕快決定下來。

系山還是不理不睬，最後才說：「地我當然要買的，不過價錢怎麼樣呢？」「你不是答應過出價五億日元的嗎？」經紀人趕緊提醒道。「這是你開的價錢，事實上地價最多只值兩億日元，你難道沒聽出我說『不貴，不貴』的譏諷意味嗎？你怎麼把一句笑話當真了呢？」

經紀人這才發現已經中了系山的圈套，就照實說：「地價確實只值兩億日元，系山先生就按這個數目付款如何？」

系山回答說：「真是笑話，如果按這個價格付款，我就不需要猶豫了？」

經紀人進退維谷，由於其他人已退出競爭，如果系山不買就無人來購買了，最後只好以一億五千萬日元成交。

在商場，我們不可忘記的兩個字就是「冷靜」。在任何時侯，即使你所得到的高於你的期望值，你也不必欣喜若狂，反而必須思考：如此輕易地達成目標，是否意味有潛在的危機？

系山是個精明的商人，他利用經紀人的好勝而貪心的心理大作文章。對於一塊只值二億日元的土地，對方出了五億日元，這當然可說是天價了，經紀人和地主也會因這意外的收入而狂喜。

然而此時，他們卻忘了重要的一點，這五億日元的生意僅僅是口頭上答應的，沒有形成文字，因而這筆五億日元的口頭承諾對於系山來說毫無約束力。而經紀人卻因爲有人能出五億日元，而拒絕了其他的競爭者。這樣，形勢對系山是極爲有利的，購買者只有系山一人，他當然可以議價。

經紀人此時才明白一句話後面隱藏著的一個巨大的陰謀，等他醒悟時，已經太遲了，這塊地連應值的二億日元都未得到，反而少五千萬日元。真所謂：「偷雞不著反蝕把米。」

由此可見，我們在談判過程中應根據具體情況運用虛與委蛇的策略，同時我們也要防止對手的這項策略。如果在談判的開始階段，對方接受或提出一些反常態的要求，確認對方有虛與委蛇的嫌疑時，就要採取一些破解對策。一般來說，破解此策略的主要對策有：

⑴要求對方預付定金。

⑵在洽談未成正式協定之前，不要拒絕其他競爭者。

⑶要求速戰速決。

⑷先草簽協定，確定實質性問題。

⑸如果對方執迷於實施虛與委蛇策略，則可提前點破它。

最重要的是，洽談者在談判時不要低估了對手，不要有輕易佔便宜的心理，要知道，占小便宜有時會吃大虧的。

三、中途換人

中途換人策略是指在談判桌上的一方遇到關鍵性問題或與對方有無法解決的分歧時，藉口自己不能決定或提出其他理由，轉由他人再進行談判。這裡的「他人」意指上級主管，或者是同伴、合夥、委託人、親屬、朋友。

運用這種策略的目的在於：透過更換談判主體，偵探對手的虛實，耗費對手的精力，削弱對手的議價能力，爲自己留有迴旋餘地，進退有序，進而掌握談判的主動權。使用這種走馬換將策略時，作爲談判的對方需要不斷面對新的談判對手，陳述情況、闡明觀點、重新開始談判。這樣會付出加倍的精力、體力和投資，時間一長，難免出現漏洞和差錯。這正是運用中途換人策略一方所期望的。

美國《生活》雜誌就曾介紹史科拉斯兄弟電影公司在商談中使用了這項策略。有一位演員經紀人和史科拉斯兄弟電影公司商談時，先被安排和弟弟談。經過長時間的討價還價後，等到雙方快要達成協定之時，弟弟說須請示哥哥批准，結果哥哥不同意，於是這位經紀人又和哥哥重新開始了馬拉松式的談判。

很少經紀人會有這種耐力和精力，經得起這種長時間的會談。因爲他又不得不重複陳述自己的觀點以及談判的過程，對他來說，這將是身體和心理上的雙重折磨。最後不得不再次讓步，沒有更好地對他的顧客盡到責任，完成任務。

中途換人策略的另外一個特點是能夠補救己方的失誤。前面的主談人可能會有一些遺漏和失誤，或談判效果不如人意，則可由更換的主談人來補救。並且順勢抓住對方的漏洞發起進攻，最終獲得更好的談判效果。

在業務談判中，如遇到這種情況，需冷靜處理，並採取一定的應付措施，有時反而能扭轉局勢。一般說來，破解中途換人策略的方法主要有：

(1)以其人之道，還治其人之身。即以相同的策略攻擊對方，同樣地重新安排另一批己方的相關人員與對方商談。

(2)以變幻的策略來迎接對方。不要對更換的主談人員完全重複你的觀點及介紹相關事宜，因爲對方前主談人員一定把情況都已轉告於新的主談人員，所以你只要靜靜地坐在談判桌前，傾聽對方如何發話。

(3)如果新的談判對手全然否認已達成的協定，你也可以藉此否認原來所作的承諾。

(4)以隨時準備退出商談作爲要脅，或向對方上級提出抗議，指責對方缺乏誠意。

(5)談判過程中高度保持警惕，防止對方走馬換將，不要太早或太快地做出承諾。

(6)給更換的談判對手出難題，迫使其自動退出談判。

四、「切香腸」策略

這個策略的名稱源於前匈牙利共產黨總書記拉科西・馬加什。他說：「你想得到一根義大利香腸，而你的對手把它抓得很牢，這時你不要去搶。你先請求他給你一小片。對此，香腸的主人不會在意，也不會計較。第二天你再請求他給你一小片，第三天還是這樣。日復一日，一片接一片，整個香腸就會歸你所有了。」

這個說法雖然很抽象，但這種策略在業務談判中運用得很普遍，效果也很明顯，特別是在一些馬拉松式的業務談判中，透過你的種種理由或藉口不斷地與對方討價還價，步步逼進，會收到意想不到的效果。在談判結束達成協定時，再回過頭來看，就會發現其條件比以前優惠得很多。

在許多談判中，往往無法立即達成協定。在談判開始之時，買賣雙方均有多種方案，但這些方案的轉變或讓步是在對方施加壓力的條件下才釋放出來的。雙方談判時都有一個談判協定區間，在這區間裡各部分內容都還會有小小空間。即是說對方對你的各種要求均可做出讓步，但讓步的幅度會越來越小。如同擠牙膏一樣，不擠不出來。

該項策略更適合於下列形式或業務的談判：

(1)不十分熟悉的業務談判——此時可不斷地提出新條件試探著對方，從不熟悉到熟悉。

(2)長時間馬拉松式的談判——此時你有足夠的時間與機會向對手討價還價，以求得到圓滿的結局。

(3)多專案的談判——此時可在各專案條件上提出要求，爭取問題的多方面解決。

(4)長期合作的談判——此時由於合作時間長，對該項業務內容非常熟悉，故可提出一些更實際的要求；多一次合作，就可多一份要求，迫使對方不斷做出讓步。

使用「切香腸」策略的一方應小心謹慎，應避免急躁和冒進，否則不會獲得成功。有的人幾次達不成目的，就急躁起來，只好半途而廢了；有的一次冒進太多，被對手抵擋回來，也收不到應有的效果。所以在運用策略時要注意技巧。任何策略一旦被對方識破，將一文不值，甚至反受其害。

身爲防守「切香腸」策略的一方，則應該在每次讓步之前，就想好它對買方的可能影響及買方可能會有什麼反應。一般說來，買方不會注意讓步的本身，即使是一個比較大的讓步，買方仍會覺得不夠，而向賣方提出更多的要求，會一直如此循環下去。所以賣方讓步時必須先問自己，如果做出了這個讓步，對方再有更多的要求時，我方該如何應付。這將有助於你來決定是否應該讓步，怎樣抵制對方「切香腸」策略。

五、出其不意

出其不意策略是指談判一方利用突然襲擊的方法和手段，使對方在毫無準備的情況下不知所措，因而獲得出奇制勝的談判結果。

出其不意的特點在於以「奇」奪人，運用突發性的驚奇之舉，來達到在一段時間內震撼對方的目的。它實際上是一種心理戰術，使對方驚奇是保持壓力的一個好辦法。所以，有些洽談者在談判的過程中，往往故意設計一些令人驚奇的情況或突然提出一些意想不到的問題。這些情況與問題主要有：

(1)驚奇的情況：提出新要求、新包裝、新讓步、新策略，談判地點的改變、風險的轉移、爭論的主題變更。

(2)驚奇的時間：截止日期的提出、會期縮短、速度突然加快、驚人的耐心表現，徹夜和例假日的商談。

(3)驚奇的行動：退出商談、休會、推拖、放出煙幕消息、不停的打岔和堅定的報復行動，甚至突發的辱罵、憤怒、不信任、對個人的攻擊。

(4)驚奇的資料：新的具有支援性的統計數字，特別的規定、極難回答的問題以及傳遞訊息媒介物的改變。

(5)驚奇的人物：買方或賣方的改變、新成員的加入，有人突然退場以及有人突然缺席或遲到數小時。

(6)驚奇的權威：高級主管的出現、著名專家顧問的出場。

(7)驚奇的地方：漂亮豪華的辦公室、沒有冷氣或暖氣的房間、有洞孔的牆壁，嘈雜的地方和許多人的大集會場所，甚至令人不舒服的椅子。

作爲談判的另一方，如遇到上述情況，最好的辦法就是沉著冷靜，不慌不忙，爭取充分的時間多想一想，多聽少說，暫時休會。在沒有弄清楚情況和未作好適當準備之前，最好不要有所行動。

出其不意策略不應不加區別地運用於一切談判過程之中。要知道，有些驚奇之舉往往會製造陌生感、不信任感以及緊張氣氛，有時還會阻礙談判雙方訊息的溝通。有的談判是駕輕就熟的，本來可以循序漸進地等待瓜熟蒂落，如果洽談者突然的驚人之舉以加速談判過程，其結果可能會適得其反，甚至會使談判破裂。

六、投石問路

投石問路策略是指買方在談判中爲了瞭解對方的虛實，掌握對方的心理，透過不斷地發問來瞭解直接從賣方那裡不容易獲得的諸如成本、價格等方面的資料，以便在談判中做出正確的決策。

比如，一位賣方要購買三千件產品，他就先問如果購買一百、一千、三千、五千和一萬件產品的單價分別是多少。一旦賣方報出了這些單價，敏銳的買方就可從中分析出賣方的生產成本、設備費用的分攤情形、生產的能力、價格政策、談判經驗豐富與否。最後買方能夠得到購買三千件產品非常優惠的價格，因爲很少有賣方願意失去這樣的買賣。

買方經常運用投石問路策略，通常都能得到具有價值的資料，知道的資料越多，就越能做出有利的選擇。一般說來，可提出這樣一些問題：

「如果我們訂貨的數量加倍，或者減半呢？」

「如果我們建立長期合作關係？」

「如果我們同時購買多種產品？」

「如果我們增加或減少保證金？」

「如果我們分期付款？」

「如果我們自己運輸？」

「如果我們淡季訂貨？」

「如果我們要求改變規格式樣？」

「如果我們提供原料？」

每提出一個問題，就好像投出一塊石頭，每塊「石頭」都會使賣方感到心煩，但是對這些並非無禮的問題要拒絕回答又是很不容易的，所以賣方有時寧願降低價格，也不願接受這種無休止的詢問。

作爲賣方，面對買方如此多的問題，一定要沉著冷靜，看看怎樣才能給買方更好的答覆。一個精明的賣方，可以將買方所投出的「石頭」變成很好的機會。可趁機向買方提出建議，說明什麼樣的交易對買方更有利，以促成更大的交易。對付投石問路策略，賣方可以注意以下幾點：

⑴找出買方的真正需要。因爲買方提出那麼多「如果」，其本意絕不會有那麼多選擇。

⑵並不需要回答每一個問題，並且不要對方提出「如果」後馬上估價。應該給自己留有充分的時間，問清楚對方到底需要什麼樣的訂貨，願意出價多少？

⑶立即反問對方是否準備馬上訂貨。如需訂貨，可要求買方提供保證，以利於交易的順利實現。

七、有方向性地「迎頭痛擊」

參加商務談判前，都清楚自己想要什麼、想說什麼、應該說什麼。如果準備充分，我方可能還清楚對方要說什麼，我方最好如何回答。如果運氣好的話，我方能夠把談判變成一場愉快的對話，最後順理成章地達到雙方滿意的結果。

然而，事實上對方不可能一直順從我方的願望。如果我們是賣方，當然會認爲自己的產品或服務都是最好的，但買方可能就不會同意我們的看法。客觀上也可能存在阻止這筆交易成功的不利因素。他們可能沒錢也可能沒人來操作這筆交易，而不管我們多麼聰明地組織了這場談判。以上這些因素，都可以被視爲談判中的障礙。

實際上，對於談判時有些經常出現的障礙，我們不應該再視它們爲障礙。它們只是一種手段、一種策略，是用來降低我方的要求，可是又不至於把我方從談判桌前趕跑的談判工具。它們只是說明了對方對我們的真實看法，只是用來引出他們需要的結果。比這種障礙更嚴重的問題，就是談判的「欺詐」策略。

汽車行業裡有一招欺敵之術：「呼叫奧蒂斯先生」。

顧客上門時，先給他那輛歷盡滄桑的老車一個低得令人驚訝的折舊價，然後再給新車開個令他更滿意的價錢。他會再去繞個兩三家，才知道這筆生意是再好不過了，一定會回到原來的車商。

業務員詳細寫下這筆交易的注意事項並請這位顧客簽名，然後故意不經意地問這位顧客其他業務員給他什麼介紹。顧客在這時候，紅著臉很得意地說出談判中最寶貴的法寶——另外一家開的價碼。

這時業務員說：「還有一道手續，每筆生意都得我們經理審核才行，我馬上打電話給他。」銷售人員按下電話上的對講機說道：「呼叫奧蒂斯先生……呼叫奧蒂斯先生。」當然，根本沒有奧蒂斯這號人物。是有一位銷售經理沒錯，不過真名可能是史密斯或瓊斯之類。

奧蒂斯是一家電梯製造公司的名字——只不過這架電梯是永遠向上的。銷售經理出面了，把業務員拉出房間，讓顧客獨自心焦如焚一陣子。不久，業務員回來，說明經理不允許這筆生意，然後再以其他家出的價碼和這位顧客談，你也許很納悶，爲什麼這位顧客不乾脆拍拍屁股走掉算了！

因爲他已經在這裡投下了太多情感，他原先打算就在這家公司把交易談定，車都選好了，藍色車身加上內部紅色裝潢的那輛，而它就在那展示台上，等著他把它開走。當他和業務員密談之時，老婆正坐在駕駛座上，孩子則在座椅上高興地蹦蹦跳跳。而且，他早就跟同事們吹牛，他是一個多麼精明的談判高手！

如果他「不」簽字，需要有很大的勇氣，而且一切得從頭來過……孩子可能會大哭大鬧……而且同事也會在背後嘲笑他。

他可能就會痛下決心：好吧！一萬五千元的車，再多個八百元算什麼？只不過多交幾個月的分期付款而已。他只有簽字，拿到他所想要的分期付款的繳款單據本子。而這時他若回頭看的話，一定會發現那位銷售經理與那位業務員正坐在辦公室裡偷偷竊笑呢！

從某種意義上講，談判相當於西洋象棋對弈。當對方在棋盤上走了一步大膽的棋，你不能反應過度或者發火生氣。作爲具有相當水準的棋手，你應該熟悉這步棋，穩如泰山，苦思冥想，然後給予對方準確有力的回擊。

談判同樣如此。作為具有相當水準的談判者，你應該清楚對方的談判策略，利用自己更加聰明的談判策略，向對手迎頭痛擊。

下面是你應該注意的幾種談判方式：

☑不理睬對方的正面進攻，使進攻者的目的落空

有些人就像蠻不講理的惡霸，當你走進他們的辦公室，他們會使用輕蔑的語言攻擊貶損你和你的公司。這是一種最為粗魯的談判方式。然而有些人卻能輕而易舉地對付這種進攻。他們把它像水一樣輕輕地擋住了。

一位公司的主管就經常使用這種粗魯的談判方式，可能連他自己也沒有意識到這種過火的做法。別人每次和他討論新專案，他都說：「這是你們做過的舊專案，而且以前你們把這個專案搞得一蹋糊塗。」一位聰明的老闆常常能夠預見他的這種進攻，所以幾乎總能輕易地給予喜劇性的回擊。一直到現在，每當這位老闆一見到這位主管，就首先承認他們的錯誤，這是防止他主動進攻的唯一武器。

令人難以置信的是，有些談判人員——特別是年輕的或者缺乏經驗的談判人員，常常在這種談判戰術面前束手無策。

或許他們被這種激烈的進攻嚇破了膽，而這正是進攻者的目的。不理睬這種進攻，

進攻者的目的就落空了。

或許他們感到自己確實有錯或者有責任。這毫無必要。記住，一位強盜惡霸從來不需要正當的進攻理由，他們的天性就是進攻不會反抗的人。

或許他們相信對方的發怒必有適當的原因。其實這種攻擊僅僅是一種談判戰術，目的是打擊你的主張。攻擊的內容可能是子虛烏有的事。你應該問問自己：既然對方這樣粗暴無禮地對待我們，為什麼我們還要談判？為什麼我們還要和他們繼續合作？

☑不要接受對方的最後通牒

當談判的一方暗示他們準備退出談判時，常常說「我只能付這麼多錢」，或者「你必須做得更好一些」，或者「你可以接受或是放棄」。

他們這樣說的目的，無非是這些話聽起來像是最後通牒，可能會產生一些效果。它們可以恐嚇談判水準和經驗遠不如他們的談判對手。對手為了留住他們已達成交易，可能會做出很大的讓步。

然而實際上，這些僅僅是談判的技巧，一般不是談判雙方的真正想法。萬一他們真是這樣想的，你們就應該毫不猶豫地退出談判。記住，最後通牒常常不是談判的結束，而是談判的開端。

☑不要輕易讓對方退出談判

買方退出談判時，最喜歡說的是：「我很欣賞你的建議，我也想這樣做，但是我一下子沒有這麼多錢。」在很多時候，這樣說就不是談判戰術了。當買方這麼說時，他們的真實意思也就是這樣。

是的，他們常常沒有這筆錢！在談判中，這樣說話值得重視，因爲這是你的一個機會，只要和對方談妥了價格，交易就成功了。

在這種情況下，你不妨什麼事也不做，只是把主導權交給這些客戶。他們認爲值多少錢就給你多少錢。這樣做經常能達到很好的效果。

有時候，你可以同意他們延期付款，這有點類似於先買車後付款。這種做法在實例中，效果也很好。透過和客戶密切接觸，他們認識了你的行爲方式和處世原則，最後你們會成爲朋友。如果你工做出色，他們不僅付清了該付的款項，而且還努力安排了繼續合作的預算資金。當有人告訴你他們沒有錢時，你最好回答說：「沒關係，我能幫你們的忙。」

☑預防大額批發的陷阱

即使購貨沒有達到一定的數量，買方也總是要求批發價。如果他們想要你一千套商品，他們會設法打聽你批發一萬套或五萬套的價格，接著按照最低價格和你談判。

這是一種廣泛運用的談判戰術，他們想要的是你的最低價。事實上，聰明的談判者還會運用更加精明的方法，促使你做出打折的讓步。

例如，購買機器設備等固定資產的買方，善於承諾還有許多東西要從你這裡購買，進而贏得買賣中的最優價格。

有許多客戶，爲了降低價格，他們會先說不要一些零件或者服務，進而贏得了你的優惠價格，最後又設法要求免費加上這些零件或服務。爲了降低價格，有些客戶經常承諾願意爲我們提供技術幫助，但是從來沒有見到他們派工程師來做服務。

當然，也有一些好事情。當有人說：「我買雙倍的商品，價格怎麼樣呢？」如果你能耐心地掌握好原則，利用一定的談判技巧，就可以賣出雙倍的貨物或者服務。

☑區別對待「黑臉」和「白臉」

霍華・休斯是美國的富豪之一，性情古怪，易怒。他曾經爲大批購買飛機一事與飛機製造廠談判。休斯事先列出了三、四十項要求，對於其中的幾項要求是非滿足不可的。休斯親自出馬與飛機製造廠進行談判。

因爲休斯脾氣暴躁、態度強硬，致使對方很氣憤，談判氣氛充滿了對抗性。雙方都堅持自己的要求，互不讓步，斤斤計較，尤其是休斯那種蠻橫的態度，讓對方忍無可忍，談判陷入僵局。

事後，休斯感到自己不可能再和對方坐在同一個談判桌上了，他也意識到自己的脾氣不適合這場商務談判。於是他選派了一位性格較溫和又很機智的人做他的代理人和飛機製造廠代表談判。他對代理人說：「只要能爭取到那幾項非得到不可的要求，我就滿足了。」

出人意料的是，這位談判代表經過一輪談判後，就爭取到了休斯所列出的三、四十項要求中的三十項，這其中自然包括那幾項必不可少的要求。休斯驚奇地問那位談判代理人靠什麼方法贏得了這場談判。他的代理人回答說：「這很簡單，因爲每到僵持不下的時候，我都問對方：『你到底希望與我解決這個問題，還是留待霍華・休斯跟你們解決？』結果對方無不接受我的要求。」

這詼諧幽默的回答恰好是解決問題的關鍵所在，有了前面強硬的霍華・休斯作爲對比，這個較溫和的代理人便顯得「慈眉善目」了，接下來的問題理所當然地進展順利。

一個唱「黑臉」，一個唱「白臉」，是老謀深算的談判者慣用的技巧。我們經常見到：一個公司的兩個人同時出現在談判桌上，一個當「壞人」，他的任務是貶低你，提出過分的要求，對你百般挑剔；另一個當「好人」，這個「好人」通常是職位高一些的人。他的任務是不斷對同事的無禮舉動表示道歉，當然你肯定喜歡這個「好人」。因爲他通情達理、溫文儒雅的舉止看起來更容易讓人接近。

有趣的是，儘管我們能看透這種唱黑臉白臉的把戲，可是仍然常常上當。儘管理智告訴我們，唱黑臉的傢伙只是扮演了一個角色而已，他不可能照顧我們的利益，可是從內心講，我們仍然傾向於相信他是真的支援我方。

你應該怎麼對待這種遊戲？方法非常簡單，拋開「唱黑臉」的人，把全部注意力都集中到「唱白臉」的人身上。如果你不這樣做，也不會得到什麼好處，因爲你不可能與他的同夥做成任何對你更有利的事情。

第四節 運用邏輯策略，擺脫困境出奇制勝

邏輯，好比一條紅線，把談判中的各個部分聯結起來，使洽談人員在整個業務談判中保持思想的統一性、無矛盾性、明確性和論證性。如果談判能保持整體邏輯性，前後一貫，首尾照應，各部分不脫節，整個談判即可自圓其說。

當然也就能說服對方，進而取得談判的成功。談判要說服對方，在資料的安排和語言運用方面，就必須符合邏輯思維的規律，必須講究邏輯藝術。談判者的邏輯思維如果脈絡清晰，條理清楚，就不會出現邏輯錯誤；如果具有豐富的邏輯藝術，就能應付瞬息萬變的複雜局面，駕馭全局。

在業務談判中，往往會遇到一些十分刻薄的談判對手，他們常常提出一些刁鑽的難題，一時使我方處於不利的境地。這時，首先保持情緒穩定，其次是正確運用邏輯藝術批駁其謬誤。只要邏輯藝術運用得當，往往可以使我方擺脫困境，出奇制勝。

具體地說，談判中的邏輯策略主要有：

一、回答問題注意思維的確定性

回答是對事物情況的斷定的思維形式。高明的談判者往往回答得巧妙。除了知識廣博外，更重要的是其思維的確定性。在回答問題時，思維要具有確定性，必須滿足以下幾點：

(1)回答問題要明確、具體，使回答有利於問題的解決。如甲問：「你什麼時候交貨？」乙答：「我們在適當的時間交貨。」這種籠統的回答是不恰當的。

(2)在回答問題時，要針對問題者的問題進行回答，不能答非所問。如甲問：「產品價格爲何這樣高呢？」乙答：「我們的產品去年被評爲一等獎。」這樣不僅不能使對方解除疑問，反而會讓人感到他有意掩飾問題。

(3)一般來說，談判者回答問題時不能含糊其詞，叫人捉摸不定。當然我們必須仔細地思考問題，有些問題不宜正面具體回答，可以回答一些非常概括、原則的問題。一個精明的談判者必須講究回答問題的靈活性、策略性。

二、蘇格拉底問答法

蘇格拉底創立的問答法被世界公認爲「最聰明的勸誘法」。其原則是：與人辯論時，開始時不要討論分歧的觀點，而著重強調彼此共同的觀點，取得完全一致後，自然地轉向自己的主張。具體的做法和特點是：開頭提出一系列的問題讓對方連連說：「是」，同時，盡力避免讓他說「不」。一開始就說「是」字，會使整個心理趨向於肯定的一面。這時全身的組織都呈放鬆狀態。情緒輕鬆，可以保持談話間的和諧氣氛。

在這種方法中，談判者開始所問的問題，都是反對者所贊同的。在談判者機智而巧妙的發問中，獲得無數「是」的反應，使對方在不知不覺中，被誘導至我方在談判中所希望得到的結論中。這就是著名的「蘇格拉底問答法」的妙用。

讓人做出「是」的反應並非容易，所以，對提出的問題要經過思考，方法有以下幾種：可以從對方的需求出發，從對方的角度思考問題；可以提出常識範圍以內的問題；也可以巧妙誘使對方承認你的立場。

三、運用邏輯方法構造幽默

在業務談判中，幽默也是一種制勝的武器。它能使緊張的談判氣氛一下子變得輕鬆。在業務談判中，人們常常運用邏輯方法構造幽默，或故意違反邏輯，利用邏輯錯誤來提高幽默的表達效果。幽默還可以透過不正確的推理來表現。例如，有一位顧客想買一件兔毛大衣，他問：「這件大衣我很喜歡，但它怕雨水嗎？」「當然不怕啦。」售貨員說：「難道您見過撐雨傘的兔子嗎？」

一個售貨員向顧客推銷鞋子。他說：「請拿這雙吧，先生，它的壽命和你的壽命一樣長。」顧客一聽，微笑著說：「我不相信我這麼快就會死。」

有時候，在一定的語言環境中，一個語句可以提供它本身沒能提供的訊息，這種訊息一般稱爲「言外之意」。恰當地運用言外之意來表達自己的思想，往往能收到極佳的幽默效果。

四、轉移議題法

這種方法是指談判的一方在談判的一段時間內，因爲種種需要而有意識地將會談的議題引導到他認爲並不重要的問題上去。在一些小的議題上做出讓步，而讓對方做出更大的犧牲。

比如，我方得知對方最注重的是價格，而我方最關心的是交貨時間，那麼我們進攻的議題可以是支付條件問題。這樣，就可以把對方的注意力引開到次要問題上，以實現我方最終要達到的目標。對談判的一方來說，這種轉移論題的邏輯循環是：

◇如果你想講價格，就跟他們講質量。

◇如果你想講質量，就跟他們講服務。

◇如果你想講服務，就跟他們講條件。

◇如果你想講條件，就跟他們講價格。

使用這種策略的目的是：

⑴儘管所集中討論的問題對我方是次要的，但透過這種方式又表明了我方的重視。這樣，就可以提高該議題在對方心目中的價值，在我方一旦做了讓步之後，能使對方更為滿意。

⑵作為一種障眼法，轉移對方的視線。

⑶為以後真正的會談鋪平道路。

⑷把某一議題暫時擱置，以便抽出時間對有關問題作更深入的瞭解、探知或查詢更多的訊息和資料。

(5)延緩對方所採取的行動。

(6)一方面以繼續談判來應付，作為緩兵之計；另一方面則另找其他對策，研究更妥善的辦法。

五、虛擬證據探測法

在業務談判過程中，為了說服對方接受自己的觀點，取得談判成功，洽談人員利用虛擬證據來證明自己的觀點的事屢見不鮮。比如賣方為了要買方購買他的產品，在介紹該產品品質時，往往有所誇大。買方為了得到賣方的產品也不惜虛擬證據來讓賣方壓低價錢。

商業談判中的「假出價」策略當屬此列。「假出價」是買方先出一個價錢，讓賣方將其他買方打發掉。然後，過一段時間再提供一些虛擬證據，諸如我方有人不同意、負擔不起等，迫使賣方壓低價格。

「虛擬證據探測法」是業務談判中經常使用的策略。由於它往往是在人們尚不明白真相時使用的，因而很容易得逞。當然，它只是作為談判中探測對方虛實、討價還價的一種策略，與純粹用假證據來進行經濟詐欺是不同的。

六、預期理由誘惑法

根據證據規則，在談判中所使用的證據必須是真實的。如果在證明使用了未經證實的證據，就是犯了預期理由的錯誤。所謂預期理由，指的是作證明的人只是憑主觀形象，認爲他使用的證據是千真萬確的，而事實上，證據的真實性是未加證實的。

例如，某機器銷售商對其買方說：「今年年底前，這些經營設備的市場價格將要上漲。爲使你們在價格上免遭不必要的損失，我方建議：假如貴公司打算訂購這批貨，可以在訂貨合約上將價格條款按現價確定下來。」

見買方半信半疑，賣方又說：「所要簽的合約目的只是爲了價格保值，如果簽了以後又覺不合適，可以隨時撤銷合約。」買方聽後，覺得有道理，就同意簽署合約，賣方的策略至此得以實現了。

此例中的賣方就是利用了「今年年底前，這些經營設備的市價『將要上漲』」這個預期理由，設置了一個價格陷阱，然後將對手導引至陷阱。

七、以偏概全法

這項策略是指任意選取某一事例，用此來證明一個論題，當然，所選取的事例並不一定具有代表性，也許是一個特例，即使具有代表性，也不能說沒有與此相反的事例。

在談判中的甲方問乙方產品的品質如何時，乙方比較了其他幾個廠的同類產品品質，然後得出結論說：「我們工廠的產品，質量是全國最好的。」這裡乙方所用的方法便是以偏概全，因為還有好多工廠的同類產品品質比他們的要好。如果你過分相信統計數字，那麼你一定會作繭自縛。

在談判中，對方拿出來的統計數字往往是以隨機抽樣為基礎的，帶有極大的「以偏概全」的嫌疑，如果對手用這些資料來支援自己的論點，那你一定得小心。

「不完全歸納法」是這種策略的邏輯依據，所以瞭解「不完全歸納法的結論是或然的」這個道理，對付這個策略便會有辦法了。那就是試圖去找一反例來進行反駁。

第三章

在談判中追求雙贏

♠目光長遠，追求雙贏的談判才是成功的談判

♠達成「雙贏」的談判

♠採用理想的讓步方式

♠增加談判成功的可能性

目光長遠，追求雙贏的談判才是成功的談判

一、評價談判成功與否的標準

什麼是成功的談判？有人認爲，以在談判中自己獲得利益的多少作爲評判標準，獲得利益越多則表示談判越成功；有的則認爲，在談判中我方氣勢越高，對方氣勢越低則談判越成功……，其實，這些看法與做法都是比較片面的，有時甚至是有害的。

如果只把目光盯在獲利的多寡，自然就會在談判方式方法上做得較爲苛刻，一定會招致對手的反感。如果對手剛好是比較看中長遠利益的情況下，那麼這種人所獲得的引以爲自豪的那部分利益遠遠小於他本來可以獲得的利益。他之所以認爲自己獲得的最多，是因爲他沒有看到今後與長遠，而只是看到眼前利益。這種認爲「獲利越多就越成功」的做法是目光短淺的表現。

美國談判學會會長、著名律師傑勒德•尼爾倫伯格認爲，談判不是一場棋賽，不要求分出勝負，也不是一場戰爭，要將對方消滅或置於死地。恰好相反，談判是一項互利的合作事業。我們主張，談判中的合作是互利互惠的前提，只有「合作」才能談及「互利」。因此，從談判是一項互惠的合作事業和在談判中要實行合作的利己主義觀點出發，我們認爲可把評價一場業務談判是否成功的價值標準歸納爲以下幾點：

☑業務談判目標的實現程度

業務人員在參加談判時總是事先規劃一定的談判目標，即將自己的利益需求目標化。當談判結束時，我們就要看一下自己規劃的談判目標有沒有實現，在多大程度上實現了預期談判目標，這是人們評價業務談判成功與否的首要標準。

需要指出的是，不要簡單地把「談判目標」理解爲「利益目標」，這裡所指的談判目標是具有普遍意義的綜合目標。不同類型的業務的談判、不同的參談者，其談判目標均有所不同。

☑談判的效率如何

任何業務的談判都是要付出成本的。有人認爲談判成本是無法計算的，而且也是沒有必要計算的，這是極爲錯誤的。經濟領域裡的任何經濟行爲都是要講效率的，意即將「付出」與「收益」進行對比。業務談判本身是經濟活動的一部分，怎麼能不講成本呢？談判成本可以從以下三個部分加以衡量計算：

第一部分成本是爲了達成協定所做出的所有讓步之和。其數值等於該次談判預期談判收益與實際談判收益之差值。

第二部分成本是指爲談判而耗費的各種資源之和。其數值等於爲該次談判所付出的人力、物力、財力和時間的經濟折算值之和。

第三部分成本是指機會成本。由於企業將部分資源投入到該次談判中，即該次談判佔用和消耗人力、物力、財力和時間，於是這部分資源就失去了其他的獲利機會，因而就損失了本可望獲得的價值。這部分成本的計算，可用企業在正常生產經營情況下，這部分資源所創的價值來衡量；也可用由於這些資源的被佔用和耗費，某些獲利機會的錯過所造成損失的大小來計算。

以上三個部分成本之和構成了該次談判的總成本。一般情況下，人們往往認識到的只是第一部分成本，即對談判桌上的得失較爲敏感，而輕視第二種成本，對第三種成本考慮更少。要想準確考核談判的效率，對談判成本的準確計算就顯得格外重要。

計算出談判成本，就可看出談判效率了。所謂談判效率是指談判所獲收益與所耗費談判成本之間的對比關係。如果談判所費成本很低，而收益卻較大，則本次談判是成功的、高效率的。反之，如果談判所費成本較高，收益很少，則本次談判是低效率的，甚至在某種程度上而言是失敗的。

☑談判後人際關係如何

業務談判是兩個組織或企業之間經濟往來活動的重要組成部分，它不僅是形式上業務人員之間的關係，而且更深層地代表著兩個企業或經濟組織之間的關係。因此在評價一場談判成功與否時，不僅要看談判各方市場範圍的劃分、出價的高低、資本及風險的分攤、利潤的分配等經濟指標，而且還要看談判後雙方人際關係如何，即透過本次談判，雙方的關係是得以維持、還是得以促進和加強、亦或是遭到破壞？

一個能夠使本企業業務不斷擴大的精明洽談人員，往往將眼光放得很遠，而從不計較某場談判的得失。因爲良好的信譽、融洽的關係是企業得以發展的重要因素，也是業務談判成功的重要標誌。任何只注重眼前利益，並爲自己某場談判的所得大聲喝彩者，這種喝彩也許是最後一次，至少有可能與本次談判對手是最後一次，結果是「丟了西瓜撿芝麻」

綜合以上三個評價指標，我們認爲一場成功且理想的談判應該是：透過談判雙方的需求都得到了滿足，而且這種較爲滿意的結果是在高效率的節奏下完成的，同時雙方的友好合作關係得以建立或進一步發展和加強。

人們常常用這樣一個例子來描述一場成功的談判：一個家庭中有對雙胞胎姐妹，姐妹倆爲吃一塊蛋糕而爭吵起來，雙方都急著想多吃一些，甚至都想自己獨自擁有，根本不想和對方平均分著吃，爲此姐妹倆爭得不可開交。

於是爲了解決糾紛，媽媽想出一個好辦法，建議她們：由一個人先來切割蛋糕，想怎樣切就怎樣切，另外一個人則可以先挑選自己最想吃的那一塊。這也就是說，一個孩子擁有「分切蛋糕」的權利，另外一個孩子有「優先選擇」的權利。姐妹倆都覺得很公平，因此就接受了媽媽的建議並這樣做。

這個矛盾的解決是成功的，因爲它既滿足了姐妹倆的需要，又維護了雙方的關係，同時又沒費多少精力和時間就將問題解決了，因而是高效率的，完全符合上面所說的三個價值評判標準，所以是成功的。

二、樹立正確的談判意識

(1) 談判不同於競技賽。要將談判看成各方之間的一種協商活動，而不是競技賽。

因為競技賽與協商是相去甚遠的兩種事物。

從目標上看，協商的目標是要滿足雙方的利益需求，而且這種利益需求是透過雙方磋商來調和的。競技賽的角逐的目標是透過雙方的較量來決定的，這種較量是無法調和的力量，也就是說雙方利益需求是對立的。

從實現目標的方法上看，協商是在雙方首先肯定各自需求的基礎上，對利益需求上的分歧，透過雙方共同努力、尋找一個能使雙方都能得到滿足的方案來解決矛盾。競技賽的雙方為了達到目的，會設法運用各種可以施展的手段，壓倒對方，讓自己獲得全部利益。

從結果上來看，協商的結果是使雙方的利益需求都得到滿足，雙方都是勝利者。而競技賽的結果則只有一方是勝利者，另一方則要成為失敗者。比如足球比賽等等。

從雙方的關係來看，雙方在協商情況下的利益關係是一種互助合作的關係。競技賽的關係則是沒有互助成分的，是完全對立的關係。

透過以上分析不難看出，將談判視作是一種友好協商，就比較容易達到目的。如果將談判視作是一場競技賽就很難實現願望。

(2) 業務談判雙方之間的利益關係是互助合作的關係，而不是「敵對」關係。

(3)人際關係是雙方實現利益關係的基礎和保障，因而要處理好談判中的人際關係。

(4)業務談判人員要有戰略眼光，將眼前利益和長遠利益結合起來，抓住現在，放眼未來。

(5)談判的重心應是避虛就實，要在本質問題上多下功夫，而不是要在非實質性問題上大作文章，將精力集中在雙方各自的需求上。

(6)談判的結果雙方都是勝利者。談判的最後協定要符合雙方的利益需求。

上述談判意識會直接影響和決定我們在談判中所採取的方針和政策，進而決定著我們在談判中的所有行爲，這點是很顯然的。也只有樹立了這種意識，才使我們縮短了理想與現實之間的距離，我們才會邁向談判的成功之路。

三、專注於雙方的整體利益

不管你在世界何處經商，與人達成共識至關重要。但是如果你的談判對手來自與你截然不同的文化背景，談判的難度就會增加。

如何在這樣的談判中跨越鴻溝，滿載而歸呢?那正是利益導向的談判技巧大顯身手的地方。利益導向的談判技巧要求瞭解談判雙方的根本利益所在。換言之，在談判中，對方提出條件的原因往往比他們提出的條件本身更為重要。

透過專注於雙方的整體利益，談判風格就不至於成為不可逾越的障礙。只要你在談判中表現令人信服，出自不同文化背景的人也會對你尊重有加。

談判中雙方面臨的主要問題是：彼此如何達成共識，再以此為基礎達成公平合理的協定，而且雙方對最終協定都要有切實的承諾。此時，詢問和傾聽都很重要，不僅要仔細傾聽對方提出的問題，更應瞭解箇中原由。一旦破解了對方立場背後的原因，達成共識也就水到渠成了。

我們來設想一下兩姐妹爭奪桔子的例子。兩人都堅持要同一個桔子。但是當最後父母將她們分開，問她們各自想要桔子的原因時，一個說她想要做桔子汁，而另一個則說要用桔子皮做菜。顯而易見，在此姐妹倆的利益並不相互衝突，達成合作是可能的，而且兩個人都能從中各得其所。

事先協調好我方組織內部的事務，對談判也頗有裨益。談判前先進行內部協調的公司，無形中使談判人員在談判過程中信心倍增，而「樹立自信」正是你和外界進行交流的一個重要方法。

面臨以利益為導向的談判，要特別注意以下幾點：

(1)做好事前準備——每一場談判都需要事前做好充分的準備工作。萬事豫則立，不豫則廢。

(2)聽比說更重要——要使對方對你的話句句入耳，首先必須學會傾聽對方的意見。真正做到古諺所云「閉口傾聽，獲益良多」。

(3)不要妄下判斷——以雙方利益爲導向的談判，比武斷地妄下結論或自以爲是要好得多。談判的目的是尋求協同合作，不可強迫對方接受某一態勢。

(4)不要有陳見——無論對方的性別、民族、教育背景或職業是什麼，都要平等對待，否則容易產生歧見，也容易導致做出錯誤的假設，例如，認爲從埃及來的人都是穆斯林可能就不盡正確。

(5)靈活性——靈活性指反應迅速。當你知道先前的假設有誤時，就應該迅速摒棄它們，這會使你在談判中保持靈活多變。

四、將競爭型的「贏—輸」扭轉為合作型的「贏—贏」談判

☑從追求一次性的勝利到長期關係

過去，人們往往把談判看作是一次性的事件。其目標是贏得可能的最佳交易條件，

通常是根據受到限制的一些原則：

◇你希望從供應商那裡得到最好的價格和送貨條件。

◇你希望能讓顧客高興但又不要付出太高的代價。

◇你希望得到員工忠誠，但僅僅只付給某個固定的薪水。

談判的結果是至關重要的。你較少擔心雙方的關係——你總能夠找到其他的供應商、把產品賣給新顧客或招聘到替代的員工。

但是，現在情況發生了變化：

(1)在與供應商建立夥件關係的潮流中，你不可能因爲雙方在價格上陷入僵局，就隨便放棄供應商——你或許再也找不到其他同樣可信賴的供應商。而且，你們通常已經對彼此的經營非常熟悉，與一個新的供應商建立類似的關係可能會花費數年的時間。

(2)在許多市場中，購買權集中到了數量更少、規模更大的顧客手中，再加上競爭壓力的上升，意味著你根本無法承受放棄任何一位顧客的代價。現在，丟掉一位大客戶會使你損失十%～二十%的業務。

(3)由於知識人員增加以及培訓員工需要鉅額投資，你再也無法夠將他們視爲機器上可以隨意替換的零件了。

現在，在和這些群體談判時，你必須要更仔細地考慮維持一種關係，這遠遠要比從任何一次單獨的談判中獲得表面上的勝利來得重要。

☑從權威到談判

隨著管理者工作的主要部分已經從縱向的、職能導向轉向更加水準的、跨職能導向，那種老套的、施加在順從的部屬身上的、行之有效的權威行爲不得不替代爲更多地依賴與其他職能部門間合作，他們的目標可能與你迥然有異。例如，區域銷售經理，當其負責一或兩位關鍵客戶時，他的工作就從主要與部屬打交道（如地區銷售經理或當地銷售代表）轉變爲協調組織內運行的一系列截然不同的職能（營銷、財務分銷）。

當你將要與其他職能部門共同工作好幾年時，你就不會爲了贏得某一次特定談判而爲自己樹立敵人，否則，以後他們總是能夠找到機會報復。相反地，當談判對方認爲談判提議可能並不符合他們的利益時，你必須設法促成對方同意，同時又不會使他們對你有敵對意見。

對許多管理者來說，適應這個變化是非常困難的。儘管他們在等級制度的位置上獲得了很大的成功，但作爲跨職能的談判者卻是失敗的，因爲他們缺少作爲談判者所需要的極爲不同的技能。這常常會使組織處於困境——組織會感覺到應當感謝管理者在過去的忠誠和優異的表現，但是又看到這批無法適應他們的新位置。經常出現的情況是，這批管理者被留了下來，繼續做著無望的努力，樹立了越來越多的敵人，也因為自身糟糕的表現而變得越來越絕望。

☑從競爭型到合作型談判

談判理論將談判劃分為兩種類型或者極端。當然，大多數的談判會處在這兩個極端之間的某個地方。

競爭型（也稱為位置型）談判，是指一方贏而另一方輸的談判。這種談判假設只存在於只有一塊蛋糕，如果一方得到的蛋糕多，那麼顯然另一方得到的就會少。價格、薪資和預算分配談判都傾向（但不是必然）歸屬於這種類型。這種傳統的「贏—輸」形式的談判，每一方都佔據了一個位置，並且試圖竭盡全力保住這個位置。

合作型（也稱為協作型或利益型）談判，試圖表明談判雙方並不是對手。這種談判認為，存在著一個問題需要談判雙方為了共同的利益攜手去共同解決。它並不認為蛋糕的大小是固定的，這裡的目標就是要共同努力做大蛋糕以供雙方分享。

☑競爭型談判的基本技巧

儘管競爭型的「贏—輸」情形扭轉為合作型的「贏—贏」情形的話題最近變得日

益時髦起來，但有時你仍然不免會被捲入一個老式的、贏者獲得全部利益的爭鬥之中。進行一場競爭型的「贏—輸」的談判並沒有什麼錯——如果你能贏的話！

第一，堅持自己的核心戰略立場。應當堅持的三個核心戰略立場是：

◇僅僅關注本次交易。不要讓你被那些過去已經發生或未來將要發生什麼的話題轉移了注意力。

◇絕對不要暴露底線，無論對方說的話多麼深深地打動了你。

◇不要讓你自己被誘騙到低於已經決定作為底線的水準。

第二，避開感情陷阱。人們常常會利用感情使你改變立場。很顯然，直接回答某些試圖情感敲詐的問題對你們的關係是極端危險的。無論你的想法是什麼，你必須透過找出與之牴觸的事實來解除這些潛在炸彈的引信：

「我們過去從來沒有讓你失望過。」——「我知道，但這次情況不同。」

「你認為如果我不需要，我會要求嗎？」——「不，我可以肯定你是對的，但是考慮到我們的需要，還有別的途徑我們可以……」

「你不會認為我提出的計劃是你不可能完成的吧？」——「絕對不是。但是，又出現了新的情況。」

這些技巧看上去像是在推脫責任，但是一旦你陷入了這種情感陷阱，要想從中脫身卻是極端困難的。一般來說，一旦你避開了這些陷阱，對方知道這些技巧不會起作用，就會放棄這種方法。

第三，設定一系列的立場。一旦你確定了必要的立場，那麼你就做好了準備，可以進入談判了。

◇最初約定。如果你是一個出色的談判者，那麼你可能會希望設定的最初約定高於你可支援的最佳立場。如果你不是那麼有經驗，它們應該很相近。否則，一個有技巧的對手會抓住你的最初約定和可支援的最佳立場之間的差異，對你的可信任程度表示懷疑，進而動搖你的立場。如果你在談判的一開始，就因爲把最初約定訂得過高而出師不利，以後將很難彌補過失。

◇可支援的最佳立場。你掌握的訊息越多，能夠支援的立場就越有利。很顯然，越是缺乏經驗，你就應當掌握越多的訊息以供利用。

◇談判協定的最佳替代選擇。你所擁有的談判協定的最佳替代選擇越好或者可供做出的替代選擇越多，在談判中所處的地位就越有利。

◇可接受的最差結果。瞭解並且堅持立場，除非你得到的條件值得你接受更差的結果。如果在談判中你的立場開始低於可接受的最差結果，設法暫停討論，這樣下一次你就可以有備而來。

☑從競爭轉向合作

如果你打算與對方建立和保持長期關係，那麼你就不得不收斂你競爭的本性。在這種情況下，你必須盡力將局勢從分割既定大小的蛋糕的競爭性衝突轉變爲一起合作、努力做大蛋糕，這才符合你的利益。有三種主要方法可以促成轉向合作方式的談判。

第一，將人與議題分隔開來。談判很容易就會迅速地從對議題的討論轉向談判者個性之間的衝突。畢竟，你們是對立的兩個陣營。一旦人的個性與正在討論中的議題糾纏在一起，那麼再多的理性討論也不能夠將它們分開。如果你冒犯了某人的自尊心、公正感或價值觀，他們的談判立場會變得更加堅定。

一旦你開始指責談判對手、批評他們、否定他們的意見、回絕他們的提議（在談判中，所有這些狀況都是很正常的），他們就會感覺到你正在攻擊他們。他們會懷恨在心並且報復這些攻擊。在整個談判中，盡力建設性地討論議題，同時保持與談判對手的積極關係。

抹去討論者的人性化色彩，使其成爲一個共同去解決的問題，因爲人的情緒和恐懼會妨礙談判的進展。

第二，滿足利益而不是立場。無論人們在談判中所宣稱的立場是什麼，它們只不過是表達了人們對如何滿足一些基本需要的看法而已。一位購買者可能會要求某個價格，是因爲他們希望他們的產品能夠實現盈利目標。一旦你能夠深入到這些直接需求的背後，試圖去滿足潛藏在這些需求背後的利益，你常常能夠發現其他可以滿足這些利益的途徑，而並不必然需要做出讓步。

第三，提出一系列備份解決方案。一旦你提出一系列備份解決方案，你就能夠迅速地將原先相互衝突的局勢扭轉爲相互協作的局勢。這時，你的談判對手不是僅僅在想他們從你身上能夠得到多少，而是被推動去考慮哪一個備份的解決方案是最好的。

透過雙方共同努力去尋找和評價一系列的備份解決方案，可以迅速地從對立的立場走向共同努力，每一方都不會覺得他們在自己的立場上做出了妥協或退讓。

第二節 達成「雙贏」的談判

成功的談判者，他們把衝突當做是相互瞭解和成長的機會，而且認爲妥協比勝利還重要。成功的談判者能敏感察覺他人的需要，即使受到人身攻擊，也不會有情緒反應，而且始終抱持正確態度：尋求雙贏結果。

在雙贏情境中，談判雙方都從談判中或多或少得到他們想要的目標。即使沒有達成預期的結果，也不會有人空手而返。雖然不可能每個人都對談判的結果感到滿意，不過每個人多少可從中獲益，所以大家還是會努力促成談判。一旦獲得雙贏的結果，談判雙方會更加努力尋求更好的結果。

而達成雙贏的祕訣則在於：尋求滿足談判雙方需求的途徑。換句話說，就是站在每一個談判者的立場，從對方的角度來看問題。

一、達到談判雙贏結果應遵循的策略

☑知己知彼

大部份人都知道他們想在談判中獲得什麼，但是很少人會考慮到他們願意妥協的部分。還有，對方的目標爲何？儘量瞭解對方的立場，然後估計雙方資訊，找出一個對大家都有利的結果。

☑認清立場

徹底瞭解議題，能清楚解釋給他人聽是非常重要的。有什麼理由可用來說明你的立場？要如何提出這些理由，讓對方也能瞭解你的立場，並設身處地爲你想？談判對方對你的觀點、看法如何？在哪些觀點上他們是正確的？他們能正確瞭解你那些觀點，而你又將如何回應？

☑需要和欲求的區分

要想達到雙贏結果，就表示你必須放棄某些想要的東西，以獲取某些你需要的。所以在談判前，必須先瞭解自己犧牲的底限何在。另外也要知道，如果無法達到你的最低要求，有沒有什麼其他的變通辦法。

☑會面

許多沒有經驗的談判者因爲把對方當作「敵人」，以至談判失敗；或把談判對方視爲對手，而使談判變成一場你死我活的競賽。結果是，任何和你意見不同的人，不是笨蛋就是大壞蛋。

成功的談判者會花時間、心思去瞭解談判對手。他們很清楚，如果能和對方建立良好的關係，彼此會更容易溝通，也更容易找到雙方共同的利益，以達到雙贏結果。所以，不要等到要談判時，才急著與對方建立關係。

要求在談判前，和對方會幾次面，或是前一天晚上一起吃個飯。這時可以先向對方說明，你不想在這裡和他討論任何有關談判的事，你只是想認識他、和他聊聊。如果對方還是心存懷疑，不妨直說你對即將進行的談判所持的態度，希望雙方的需要都能獲得滿足。所以，希望談判之前碰個面，也許有助於建立良好的談判氣氛。

☑點明主題

這是任何談判的第一個步驟，可讓雙方有機會說明他們的立場。大家對問題的確定看法愈一致，就愈容易達到共同的解決方案。其實，如果雙方都認爲問題確定得夠清楚的話，談判就很容易有結果。

☑傾聽

特別留意遣詞用字、細節、音調等。對方是否在重複某些觀點？對方是否離題？若能瞭解上述這些重點為什麼重要的原因，可讓往後的談判更為順利。

☑觀察

談判者的肢體語言是否隨談判內容而有所不同？是否和其對問題的立場一致？對方是否眉頭深鎖還是願意接受你的看法？對方是否汗流浹背或輕鬆自在？手和腿是很舒服地交疊在一起，還是很僵硬？手勢看起來是熱情洋溢、憤怒，還是漫不經心？能掌握對方的真正意圖，你的談判籌碼就愈多。

☑表達方式

說出你想要的，但要和雙方同意的問題界定一致。要讓對方知道你的解決方式對雙方都有利。焦點要放在現在和未來，若提起過去的不愉快經歷，只會結下彼此的芥蒂。如果真的必須提到過去，你要先舉出曾經成功運作過其他個案的解決方案或類似的辦法。

☑再度傾聽

許多談判者在說完他們想要說的話之後，對於對方的談話，就只挑和他論點有關或有利的來聽。你必須比對方更專注地傾聽，你要聽出對方的實際需要，然後才決定你能給他們什麼。

☑再度表達

用你自己的話把你所瞭解的再復述一遍。必要時，對於不清楚的地方，要問清楚。通常讓對方談得愈多，他會愈尊敬你。然後等你真正開口說話時，特別強調對方的需要。以對方的需要爲出發點，陳述你的立場。

如果對方態度遲疑，你可以把焦點轉移到爭議小的主題，或者是你比較能同意的範圍。借由一小部分、一小部分的同意，逐步朝解決之道邁進，不必擔心會遺漏主題（待會還是可以回過頭來討論），也不要害怕改變立場，你可以藉此再度釐理清主題，或建議新的妥協方案，最重要的是讓談判繼續下去，持續尋找雙方的意見交會點。

如果你的努力都徒勞無功的話，最後請問對方真正需要爲何，然後把對方的回答加上你已同意的事項，告訴對方滿足他的需要的最後底線爲何。

☑不要破壞談判

談判是非常細膩的過程，稍微一個差錯，就可能全軍覆沒。談判時要注意的是：

千萬不可懦弱。不論你的立場多麼有力，懦弱的行爲，只會削弱氣勢。

千萬不要沒有耐性，否則會顯得你狗急跳牆、容易任意攤牌。

千萬不要情緒失控，否則對方會認爲你只顧個人的立場而沒有合作誠意。

千萬不要言過所需，別人會認爲你沒有用心傾聽對方的需求。

千萬不要提出最後通牒，要不然可能會演變成不是你死就是我亡的下場。

千萬不要提高聲調。大聲叫嚷的結果，只會讓人聽不清楚你在說什麼。

成功的談判專家會努力得到他們想要的結果。但是，他們也知道，任何成功的談判都必須有所失才能有所得。妥協幾乎是無可避免的。堅持不妥協的立場，連期望的標的也會失去。

成功的談判不是權力拉鋸戰。人心不同各如其面，談判就是要欣賞並面對此種人性的差異。熟練的談判技巧就在於能掌握付出與預期收穫的內容、時機與分量，割捨想要的，留住需要的。

二、拋開談判的標準程式

☑主動提供優惠

你可以不進入標準的爭取自己利益的方式，而是直接了當地說：「我能夠向你提供些什麼，使你離開時得到的要比你所期望的還要多呢？」

有些人可能會把這種行爲看作是軟弱的表現，並且試圖藉此實現苛刻的交易。但是大多數的人都會爲之所動而放鬆警惕，改變他們的請求，甚至與你所能同意的條件相距不遠。而彌補最終的小差距有時是非常簡單的。

☑改變遊戲規則

在這裡，你要公開表明你希望從競爭性談判走向合作性談判，你可以說：「大多數的人會認爲我們所處的情況是，我們中的一個人以對方的損失爲代價贏得勝利。但是，我寧願我們把它視爲共同面臨的問題一起解決。」這會給對方一個選擇機會，立即與你一起加入合作的工作方式之中。

☑列出你的目標

通行的談判技巧認爲，你絕對不能夠暴露你的談判目標。然而，有的時候打破這個準則也是値得的。例如，你可以用這樣的聲明作爲談判的開始：「在今天的會面裡，我的目標是達成如下協定，價格爲、送貨服務爲、質量水準爲。這與你的期望相符嗎？」

有時，這種坦率和誠實會有幫助。這能夠將分歧擺上桌面，把你們的時間留出來用於解決分歧。但是，如果對方不是同樣坦率，或者認爲你正在提出最高要價而期望能夠與你討價還價的話，那麼你也會爲此而受害。

☑公開你的祕密武器

人們常常會將一些新的資料用到談判中，希望能夠用它們使談判對手啞口無言。有時，的確能夠發揮這樣的作用。但是，有的時候，突然讓談判對手大吃一驚會使他們做出情緒上的激烈反應。無論你的祕密武器威力有多麼強大，談判對手會非常惱怒，拒絕接受任何解釋理由，破壞性的後果給你造成的損失與給談判對手造成的損失幾乎是一樣嚴重的。

避免出現這種情況的一條途徑，是從一開始就非常坦率。讓你的對手知道，如果你處在他們的位置，你也會要求，但是考慮到新的情況再要求的理由已經不充分了。

☑不要硬碰硬

應付一個有實力的挑釁者最佳方法是避免直接衝突，試著利用他們自己的力量來對付他們。如果你硬碰硬，那只會使局勢惡化。但是，你可以要求他們對自己的想法和如何支援自己的立場說得更多、解釋更加詳細，藉此泰然自若地化解他們的進攻。

如果你能夠做到這些的話，那麼你就可以瓦解和削弱他們的攻擊。一個富於挑釁的談判對手將其情感發洩得越多，那麼最後他就越有可能達成妥協。但是，如果你打斷或者反擊他們，他們就會將被壓制的怒氣向你發洩，使得達成妥協更加困難。

三、雙贏談判的實施步驟

☑制定談判計劃

在制定談判計劃時，首先要做到知己知彼，即先弄清我方在該次談判中的目標是什麼，然後要透過各種管道設法去弄清對手的談判目標是什麼。瞭解了對方的談判目標之後，要進一步仔細分析雙方的目標構成，透過對比分析出雙方利益一致和有可能產生的分歧，以便在進入正式談判時採取不同的對策。

通常，在正式談判開始時，首先應把雙方利益一致之處找出來，並請雙方核對確認。這樣做的好處是，能夠提高和保持雙方對談判的興趣，也能增強雙方積極投入談判的信心，爲談判的成功打下良好的基礎。

對於雙方利益需求不一致的地方，則要在制定談判計劃階段加以周密思考，想好一切對策，並在談判過程中透過雙方「交鋒」，充分發揮各自的思維創造力和想像力來謀求使雙方都有滿意的方案，實現談判的各自目標。

☑建立談判關係

在正式談判之前，就要與對手建立起良好的關係。也就是要建立雙方都希望的、良好的談判環境之中所具有的關係。這種關係是使談判順利進行的保障。通常情況是人們都願意與自己比較瞭解、信任的人做生意，而不願意同自己一無所知、更談不上信任的人達成協定。當雙方都已相互瞭解，並且建立了一定程度的信任關係時，就能減少雙方之間的戒備心理，進而提高合作的可能性。

☑達成談判協定

在談判雙方已經建立起良好的信賴關係之後，即可進入實質性談判階段。首先應該明瞭對方的談判目標。其次，對彼此意見一致的問題加以確認，而對彼此意見不一致的問題則要透過雙方充分地磋商、互相交流，尋求一個有利於雙方的利益需求的滿足，並爲雙方都能夠接受的方案來解決問題。

☑履行談判協定

在談判當中，最容易犯的錯誤就是：一旦達成了令自己滿意的協定就會鬆一口氣，認爲談判已經圓滿的結束了。實際上，寫在紙上的協定非常完美，並不表示協定的履行也十分完美，問題的關鍵在於協定要由人來履行。因此，簽訂協議書是重要的，但維持協定並確保其能夠得到良好的貫徹實施更加重要。

☑維持良好關係

當某項談判結束後，不能認爲已經圓滿完成任務，而只能認爲是暫告一段落。洽談結束的一項重要工作就是維持與對方的良好關係。

在實際業務交往過程中，特別是親身參與業務談判的人員，都有一個切身體驗；那就是：與某業務往來對手之間的關係，如果不積極地、有意識地對其加以維持的話，就會逐漸地淡化，慢慢地雙方就會疏遠起來，有時甚至由於某些外在因素還會導致關係的惡化。而一旦關係疏遠了或者惡化了，再想重新將關係恢復到原來的狀態，則需要花費很多的精力和時間。

因此，爲了以後的業務發展，對於那些已透過自己努力，並在本次談判中建立起良好關係的業務夥伴，應設法與他們保持友好關係，以免事後再花費精力和時間重新建立。

第三節 採用理想的讓步方式

談判不是一場戰爭，非要將對方置於死地不可。相反的，談判是一項互惠的合作事業。談判的雙方都要抱著「凡事好商量」的想法，互相做出適當的讓步，謀求一致。其實有必要進行談判的雙方必然有著一定的共同利益，雙方參加談判也都希望某些利益能取得一致，使雙方都受益。任何的不歡而散，都不是雙方希望看到的。這就是談判雙方謀求一致的可能性所在。

一、使雙方的共同利益更加突出

當然談判雙方在利益上也必然存在著一定的衝突，觀點上存在一定的分歧，否則就無需開談判會，改開慶祝會就好了。但如何使雙方的共同利益更加突出，而減少衝突，這就在於技巧問題。

首先是磋商。當談判剛開始時最好從最容易達到的要求著手，也就是從雙方利益最接近處著手，以你的善意行爲創造談判的誠意和良好的開端。因爲人都有先入爲主的觀點，如果一開始談判就氣氛緊張，那麼還談不到關鍵處，談判可能就無法繼續下去。

在雙方取得初步共識的情況下再逐步涉及雙方意見分歧的內容。接著便進入討價還價階段。你要記住，你所提出的所有要求，對方是絕不可能完全給予滿足的，因爲如果對方完全滿足你的要求，一則，在心理上對方是無法接受的；二則，對方擔心滿足了你的所有要求，會給你一種軟弱的印象，你就會進一步提出更無法容忍的要求，使自己處於被動的地位。

因而，與其你所提出的要求再合理也無法全被接受，不如再多提幾條不太合理的要求，一起交給對方，作爲一種反襯，更重要的是爲下一步的讓步埋了伏筆。經過一定的討價還價，你的要求中一些比較容易使對方接受的部分可能會被對方認可。當然相應的，你也必須接受對方一些比較合理的要求。

經過上述兩個步驟，剩下的問題都是一些最難處理的，雙方意見分歧最大的，當然其中也不乏有一些「虛假」的要求，即提出要求的一方根本沒希望實現此要求，只不過將它作爲籌碼。這時談判就進入最關鍵，也是最容易「談判破裂」的時候。

此時，做出適當的讓步是必須的。我們必須牢記，談判的目的不是說服對方，而是讓對方感到雙方都有利可圖。千萬別指望對方會犧牲自己的利益，無償地滿足你的要求，這是不可能的。

爲了打破談判的僵局，你可以在細小問題上先讓步，但必須清楚，所讓步的細小問題對對方來說也應是不太大的問題，如對他來說是重大問題，你可能得不償失，同時要求對方做出對等的讓步。這樣談判就一步一步地接近成功，雙方都能獲得一定的利益。

二、凡事好商量，互相做出適當的讓步

雖然從來沒有完全相同的兩場談判，但是一切談判都有一個共同點：在某些問題上，你需要做出一定的讓步。讓步不是什麼錯誤，簡而言之，談判就是討價還價，讓步只是討價還價的一部分。

可惜，許多人不會正確對待讓步這個問題。他們把一切讓步都視爲承認軟弱或失敗，擔心在一個問題上的讓步會導致他們在其他問題上的全都讓步。於是，他們拒絕任何讓步。許多談判者在談判還沒有開始前，就遭到了完全的失敗，因爲雙方都不願

意在談判地點或者談判代表的問題上主動採取讓步，都要求對方讓步，結果雙方都失敗了。

另一個極端是，雙方都讓步，雙方都獲利，雙方都取得成功。如果不清楚自己在談判中應該作多少讓步，就不要盲目參加談判。在某個問題上做出讓步的時候，又是一個寶貴的機會，你可以利用這個機會得到更大的回報。

在商務談判中，基本上存在著三種讓步方式：

☑雖然讓步了，卻一無所獲

許多人在談判中會碰到這種情況，因爲這種局面很容易形成。例如有人幫你裝修房屋，做到中途，他要求延長合約期限三十天，你會不會同意他的要求？或者你會不會希望透過讓步贏得某方面的補償？你會不會因此而要求降低裝修價格，或者事後再找他算帳？

可能大多數人都會接受他的要求。他們希望工作期間雙方能夠保持愉快的合作關係，不要出現令人頭疼的問題，希望還是由他把工作完成。他們也可能認爲這個人佔據著有利位置，如果他無法按時完成工作，他們有什麼辦法呢？於是，他們讓步了，接受了他的延期要求、因爲這種方式引起的矛盾衝突最小。

這種形式的讓步是占所有讓步的五十%。沒錯，滿足了對方的要求，他高興了。但是，除了一些花言巧語，你又得到了什麼呢？

☑退一步，進一步

這是針鋒相對的談判。

◇你想付款期限放寬一些嗎？那麼你就得多買！

◇你想降低價格嗎？那麼你現在就得買！

◇你想免費送貨嗎？那麼我們星期天才能送貨！

這些讓步和要求都很合情合理，你讓一步，又進一步。但是你從來沒有佔據過談判的優勢位置。因為只有當對方前進一步的時候，你才能前進一步，這是不是真正的談判呢？其實未必是，你僅僅在原地踏步，只是動作快些而已。

☑退一步，進兩步

這是一種最理想的讓步方式。如果對方不知道你讓步的代價很小，就尤其理想。人們經常在贏得讓步的價值和爭取讓步的努力程度之間劃等號。如果他們花了好幾星期的時間和你討價還價，最後你終於降價了，比起你當時就答應降價，前者的讓步看起來比後者要大些，也要值錢一些。其實，你的代價是相同的。

如果你要從他們那裡得到回報，前者的回報就會多於後者的回報。如果你很精明的話，你就能夠把差不多所有的談判問題都變成增值的讓步問題。

三、讓步不可太輕率

當然讓步通常會使自己失去一些利益，給對方帶來一些利益，所以讓步不是輕率的行爲，而必須愼重考慮、適當處理。在讓步的時候，應該掌握以下原則：

☑掌握好讓步的時機和程度

讓步的時機要掌握得恰到好處。挪前可能不僅解決不了問題，而且會逼迫你還要讓一步；延後則可能喪失成功的機會，於事無補。

有一次，一家美國公司與一家日本商社談判，內容包括兩個方面：一是繼電器，一是電晶體積體電路技術。由於雙方在這兩個問題上分歧很大，眼看就要談不下去了，就在雙方即將結束談判，日本人準備次日回國時，美方當晚由總經理出面設晚宴招待日本商社社長，以挽回局面。

因爲日方對繼電器問題態度強硬，而美方也出於對自己利益的考量，決定在此問題上做出一定讓步，一則解除日方疑慮，緩和氣氛，打破談判僵局；二則鼓起日方的積極性，留住日方，使日方在電晶體積體電路技術方面也做出相應退讓，一鼓作氣完成談判。這招果然成功。在宴會上，兩方的領導人經過談判順利地實現了以上兩個目標，而且把價格也談定了，達到了談判效果。

由此可見，讓步時機的重要性，如美方過早地做出讓步，則日方一定會認爲美國「信心不足」，繼而要求在電晶體積體電路技術上美方也得做出讓步。如果這樣，那麼美方即使達成協定，也將遭到一筆不必要的損失。但如美方堅決不讓，那麼，第二天日方回國，這兩筆生意就失敗了。

作爲談判人員，你沒有義務告訴對方你的讓步很容易做到或者對你不重要。你也不必馬上讓步。事實上，太快的讓步反而容易使你不受歡迎。如果有人向你推銷產品或者服務，要價十萬美元，你第一次議價五萬美元，他馬上接受了，那麼你反而會對這個人產生更多的懷疑。一方面，你可能爲這麼低的價格而高興，另一方面又懷疑在交易中他是不是也同樣地誇大其詞了。

⑴每次讓步後，要求對方也做出相應讓步。千萬不要以讓步討好對方，這樣做反而會被對方視爲軟弱可欺，使自己處於被動。

⑵要記錄讓步，做到自己心中有數，要對方也心中有數，以求對等，不要盲目讓

步。基辛格曾說：「跟安德烈・葛羅米柯談判的人如果無法掌握過去的紀錄或問題的癥結，是很危險的。他驚人的記憶力可以記住爲我們做出的，或者甚至是暗示過的每個讓步，然後它就會成爲下一輪談判的起點。」

(3)不要毫無異議地接受對方要你再讓步的要求。即使你想讓步，也得耗上一段時間，應該明白：人們對不勞而獲的東西都是不愛惜的。

(4)你還可做出一些無損甚至有益的讓步。盡可能向對方提供該提供的資料和說明，常說：「我會考慮你的意見」或向對方保證：「我會盡力滿足你」等等，這些會使對方在心理上、感情上得到滿足。

商場如戰場，談判是商場這個戰場上的短兵相接。結果如何，要看雙方如何操作。它可能是一把雙刃的利劍，傷了別人也傷了自己；它也可能是一份無盡財富，使雙方都各取所需，滿載而歸。只要記住一點：你和對手的根本利益是一致的，有事可以好商量，你就能高高興興地離開談判桌，雙方皆大歡喜。

增加談判成功的可能性

一、掌握必要的藝術規則

☑順利促使重新談判

一名明星球員高高興興地和一支球隊簽訂了五年合約，五年報酬總計二千萬美元，平均每年四百萬美元。這足以使他成爲這項專業運動中最富有的運動員了。兩年後，他發現球員們的薪水普遍提高了五十％。現在，與他同一水準的明星球員和部分比他低一級的球員簽訂長期合約，每年薪水高達七百萬美元。他非常忌妒，覺得自己受了委屈。他逢人便說他更值錢，要求對他的合約進行重新談判。

這樣做好不好？當然不好。合約就是合約，人人都應該遵守合約，即使它對對方有利。如果說明星球員不喜歡原來合約的內容，他就不應該在合約上簽字。

而且，對公眾和新聞媒介公開發表對合約的不滿是愚蠢的做法。把合約的分歧公開化，爲談判增添了不必要的障礙。本來每個人說的做的都是個人事務（比如薪資單），現在卻突然對外公開了。談判時這種人一隻眼睛盯著合約內容，另一隻眼睛盯著同級明星球員。

這裡的真正問題是：他不能這樣粗暴無禮地對待重新談判。顯然，他需要學習一些重新談判的藝術規則。

(1)在雙方最高興的時候，提出重新談判。重新談判或者續簽合約的最佳時機是，當雙方的關係最爲滿意的時候。它既可以是你簽訂五年期限合約一個星期後的某個時間，也可能是兩年後的某個時間。如果雙方都樂意重簽或者續簽合約，沒有任何法律限制你們的時間。

然而，糟糕的是，許多人常常在最不利的時機提出重新談判的要求：他們感到自己在合約的雙方關係中處於吃虧的位置；或合約即將到期，他們的談判位置可能就不是最好的位置了。

當你的委託公司剛剛宣佈良好的營運報告的時候（儘管這些事情與合約無關），或者你剛剛得到他們的表揚和獎勵的時候，也是你提出延長合約期限談判的有利時機，這時，他們沉浸在喜悅之中，可能顯得最爲慷慨大方。

(2)把「重新談判」寫進合約。客觀環境的變化，導致人們重新談判。如果雙方都認識到客觀情況發生了變化，並一致認爲有必要修改合約內容，那麼重新談判就是順理成章的了。

帕特里克・伊文是紐約職業籃球隊的高價明星球員。他在簽訂爲期十年的合約中有這樣一條內容：任何時候，只要他不是NBA（全美職業籃球聯賽）前四名身價最高的球員之一，合約對他就不再有效。這相當於他可以隨時修改合約條款，而他的身價只會提升，不會下降。如果明星球員身價普遍下降，他也不會受到影響。

只要有可能，我們就會把這種「調整性條款」寫進合約，如果一名年輕的明星球員高興地接受了一百萬美元的年薪。兩年後，他成了超級巨星，身價倍增。這時候，一百萬美元的年薪就顯得太少了。

我們的合約應該及時反映球員的這種潛力和變化。當他的身價增長時，我們就應該重新舉行談判，或者不經談判，根據情況變化，主動增加他的報酬。這種合約不大可能引起爭論，只可能使合約持續的時間更長。

(3)給對方增加競爭對手。在要求重新談判時，如果你能向對方暗示還有感興趣的第三方想和你簽約，對方為了戰勝競爭對手，可能非常樂意和你重新談判，延長合約時間（即使沒有法律方面的原因促使他們這樣做）。

美國一位唱片公司的老闆深諳此道，他講過這樣一件事：

很久以前，我們公司藝術業務部和一名年輕的小提琴家簽訂了製作錄音合約。在合約中，小提琴家的報酬並不高，但是他每年能出兩張專輯。等到合約期滿時，小提琴家已經擁有十張個人專輯。對於一個正處於發展中的年輕藝術家來說，這是一個了不起的成就。

實際上，小提琴家在第三年就走紅了，他的專輯非常暢銷，商業利潤也相當可觀。我們有必要和他延長合約時間，但是這樣一來，我們可能要接受小提琴家的高額要價。

然而，因為對前途和名聲方面的因素考慮，小提琴家沒有主動提高要價，他對自己的現狀很滿意。於是，我們沒有明確告訴他我們想延長合約時間的打算。但是在合約的最後兩年時間裡，我們讓他知道還有別的藝術家主動提出和我們合作。當然，我們給的酬金會更高，計劃製作的專輯會更多，投資也會更大，藝術家對作品和製作人有更大的決定權等等。這樣一來，我們輕而易舉地延長了合約期限。

☑用非正式談判代替正式談判

安・道格拉斯經過十五年的研究，發現工會和資方每到談判的最後階段時，會期往往變得更短，小組會議則變得更長，而場外談判也跟著頻繁起來。商業談判也有同樣的情形。即使大部分的商談都派一個酒鬼去參加也沒有什麼關係；不過到了最後的步驟時，就非慎重不可了。

不論正式的談判或非正式的談判，實際上都只是買賣雙方在交換意見而已。在非正式的談判中，大家可以無拘無束地談話——可以談雙方公司裡不合理的規章，也可談增進彼此感情的事情，如孩子、太太和偏高的稅金等。這些談話就像潤滑劑一樣，可使問題得以順利解決，同時還能在非正式的情況下，評估對方的人品。

非正式的談判還有一項常被忽略的好處：借助它，談判雙方的幕後主持人得以私下交談。

比方說，公司指派張三爲採購小組的領導人，但實際上卻由工程師李四執行；因爲李四對於貨品的瞭解比張三豐富，且能以更便宜的價錢採購。在非正式的談判裡，李四就能夠從容出面商談，而又不會牽扯到身分的問題了。

當正式的談判觸礁時，非正式的談判更是不可缺少了。在會議桌上，實在難以啓齒求和。可是，在酒醉飯飽的時候，只要幾句話就能把願意妥協的態度全部表現出來。

此外，爲了要研究問題的細節，一連串的社交活動也是必要的——這種公私兼顧的方法，既能解決問題，又能不失面子。

任何一位優秀的談判者，都深知場內談判和場外談判的力量。可是，由於每件事情都有好壞兩面，因此我們也必須瞭解場外談判的危險性，同時還要採取下列的預防措施：

(1)小心謹慎，不要作單方面的告白，免得洩漏了己方的祕密。

(2)愛喝酒的談判者是很常見的，常常使用這種策略的人，比一般人的酒量都好，所以千萬不要被對方騙住了。

(3)有些談判者非常希望得到別人的欣賞，在氣氛很好的時候，他們會變得非常地慷慨。

(4)進行場外談判的時候，要提高警覺，因爲對方可能不是真心的，對方很可能在輕鬆的氣氛裡，趁著我方沒有防備時，輕易地讓人相信虛假的消息。

(5)場外談判並不是什麼特例，它在談判的過程中佔有極重要的地位。藉著這座橋梁，雙方得以溝通意見，瞭解彼此的要求並且研究出可行的解決方法。並非所有事情都必須在會議桌上提出討論，一個優秀的談判者應該瞭解到這點。

☑採用「旁敲側擊」的策略

每個商談都有兩種交換意見的方式。一個是在談判中直接提出來討論。另外一個則是在場外，以間接的方法和對方互通消息。

間接交流的存在是因爲有實際的需要。一個談判者可能一方面必須裝出不妥協的姿態給己方的人看；另一方面又必須在對方認爲合理的情況下和對方交易，以達成協定。不管是買方或者賣方都會有這種雙重壓力的困擾。這也就是談判雙方會建立起間接談判關係的原因。

每一件事情並不一定都要在會議桌上提出來。彼此建立起來的間接關係，能使消息在最少摩擦的情況下傳達給對方。假如對方拒絕這個非正式提出的條件時，雙方都會知道，同時也不會有失掉面子的憂慮；倘若這個條件在談判時被正式拒絕了，則很可能會引起對方的指責，而導致雙方感情的破裂，造成不良的印象。

所以，間接的溝通方式，可以幫助談判者和公司在不妨礙情面的情形下，偷偷地放棄原先的目標。而某些偏差了的目標也可以藉由半正式或非正式的溝通方式加以修正。以下所列的方式足以用來彌補正式會談的不足：

(1)有禮貌地結束每一次的談話。

(2)在正式談判之外，另外再祕密地討論。
(3)用跌價來探測對方的意見，或者故意放出謠言。
(4)故意遺失備忘錄、便條紙和有關文件，讓對方拾取而加以研究。
(5)請第三者作中間人。
(6)組成委員會來研究和分析。
(7)透過報紙、刊物或廣播的媒介。

二、爭取對自己有利的價位，同時給對方留有餘地

☑從一個盡可能低的價格開始砍價

任何一個人都會告訴你，成功投資的關鍵是「低價買進，高價賣出」。這是關於投資最精明、最常見、最中聽的話，也是最沒有意義的話。

問題是人們並不真正知道究竟什麼是高價，什麼是低價。一切價格都處於不斷的變化之中。你能夠透過相關資料判斷商品的價格是否高了，或者確定你的交易條件是什麼，比如合理的報酬率、資金流轉、價格與利潤的比率等等。可是往往當你認爲商品已經降到最低價時，它可能還會往下降。同樣的，當你認爲商品已經漲到了最高價

時，它可能還會繼續往上漲。

在談判中，情況就不同了。人們會老老實實地告訴你什麼是高價，什麼是低價。如果他們是賣方，他們開出的第一個價格就是最高價。如果他們是買方，他們開出的第一個價格就是最低價。

比如說你買一間房子。你在高級豪華社區看中了一間房子，該地區的房價一直比較穩定。這間房子屋主住了十四年。這期間，他們花了許多錢用於裝潢和維修房屋。房子沒有什麼缺點，急於轉賣。屋主的要價是七十九萬五千美元。

這個價格可能超過了大多數普通人的能力。但是由於談判策略的原因，七十九萬五千美元是個有趣的報價。它意味著你買的房屋不是一個空架子的房屋。你本來想得到一些「特殊」的東西，但是這些特殊東西的價格太貴了，當然價格是可以商量的。這些特殊東西被稱爲「有吸引力的制約因素」，提高了房子價格，包括地理位置、建築結構、周圍環境、鄰居的文化修養層次等等。

你也可能知道當屋主十四年前買這間房子時，他花的錢不到七十九萬五千美元。這麼一來，這個要價就有很大的討價還價的餘地。

如果你買一間房子，就面臨著許多不能確定的因素。但是有一件事你能肯定，如果你按照七十九萬五千美元的要價付錢，你肯定沒有「低價買進」。如果賣方不是一個傻瓜或者迫不得已而賣房子，你就能肯定這個價錢是最高價位。

開出這個價格的賣方肯定是在「高價賣出」。對於買賣房屋，實際情況是：賣方都會接受比要價低一些的價格，買方也知道這點。有趣的就是買方處理這種情況的方式有很多種。他們知道賣方故意出高價，也願意把價格降低一些。但是，他們不夠大膽，他們不敢砍太多的價錢，實際上是可以討價還價的。他們沒有意識到七十九萬五千美元的要價遠遠高於實際價值。相反的，他們認爲這個要價並不高，能降低一點就很不錯了。

我們都知道這種討價還價的遊戲。買方把賣方七十九萬五千美元的要價降低了十%左右（比如八萬美元），議價七十一萬五千美元。賣方自然拒絕了第一個議價，但是同意降低一些要價，比如一萬五千美元。反過來，買方把他的議價又增加一萬五千美元。每個人都知道這樣談下去的結果。

經過兩、三個回合的討價議價，雙方決定在七十五萬五千美元的價格上達成共識。買方把議價提高了四萬美元，賣方把要價同樣降低了四萬美元。然而在這種房屋買賣中，僅僅有五%的優惠是永遠不夠的。

如果買方記住兩個永恆的談判規律，他肯定可以取得更好的優惠價格：

⑴賣方要價越高，對賣方越有利。

⑵買方議價越低，對買方越有利。

這兩個規律並不互相矛盾。作爲買方，你僅僅意識到賣方要價高還不夠，你應該習慣於從低價開始討價議價——不是低一點，而是低很多。

如果賣方向你要價七十九萬五千萬美元，你第一個議價至少要降低二十％～三十％左右（比如五十七萬五千美元）。賣方會反對這個議價，於是你又往上加一點。任何買方只要一直願意加價，他就能繼續談下去。

接著，賣方開出比第一個要價低一些的要價，如此往返幾個回合直至最後，雙方以六十八萬五千美元成交。這比起一開始就議價七十一萬五千美元，最後談成七十五萬美元的成交價，當然好得多了。

如果你沒有給自己留出最大的談判空間，那麼也就不知道對方的伸縮空間到底多大。從一個盡可能低的價格開始砍價，是一種最有利的談判方式。

一名能幹的談判者知道，在任何談判中，最危險的數字是雙方提到的第一個數目，這個不是最高就是最低的「基本金額」決定著以後整個爭論過程。說它危險，是因爲如果這數字不是由你提出來的，你就永遠無法肯定它是否合理，你也永遠不知道這個數字是怎麼得來的。

作爲一名談判者，我們對每次談判中出現的第一個數目都表示極端的懷疑。如果你是買方，就會認爲對方第一次提出的是最高要價。如果你是賣方，就會認爲對方第一次提出的是最低出價。接著，你回答的數字可能正好相反。

如果對方開口要價一百美元，你只準備付六十美元或者五十美元，那麼你就先議價三十美元或者二十美元。透過增加對方和你之間的距離，你增加了自己往上加價的空間，同時也增加了對方往下降價的空間。

所以，每當談判一開始，你就應該要高價或是出低價。如果你不喜歡這種規則，那麼有限的談判空間就會減少你的選擇，限制你的靈活性。請記住，你提出的第一個價格一定不能不高不低！

☑掌握必要的尺度，要價應適可而止

有一次，談判大師傑勒德·尼爾倫伯格接受了一位當事人的聘請。這位當事人是一座即將拆除的大樓中的最後一位房客。新的房地產主打算建一幢摩天大樓來取代這幢舊式的四層樓房。談判大師認爲他的責任是既要維護他的當事人的權益，又要找到一項可行的、對方也能接受的解決辦法。

新的房地產主意識到，要讓這最後一位房客搬出四層樓，他就得付錢。所以，他考慮的是「怎樣才能少花費一些？」他一開始就親自找到尼爾倫伯格問道：「你要多少錢？」談判大師回答道：「很抱歉，你想買，可是我不想賣。」這樣一來，談判大師就處於絕對有利的地位。

他那位當事人的租約還有兩年才期滿，而那位新房地產主卻急切地等待動工。他主動開出條件，表示願意支付搬運費和房租差價，付現款二萬五千美元，對此條件談判大師根本不予考慮。

那位房地產主的下一步棋是拖延。但這種做法對他本人又很不利，延誤他動工的時間，而那最後一位房客又正是想住著不走，這招不成。房地產主則讓他的律師來找大師談判。大師告訴律師，只有開一個「差不多」的價格，我們才可以坐下來談判。對方報價五萬美元，尼爾倫伯格答道：「差遠了。」

尼爾倫伯格事先爲這幢樓估了價：新房地產主買下那幢四層樓的價錢、大樓曠置的代價，以及到他的那位當事人的租約期滿爲止，新房地產主爲抵押託管支付的費用大約是二十五萬美元。大師並不想把對方逼得太緊，而是把這個數目打了個對折，十二萬五千美元做爲底價。談判繼續進行，那位房地產主的律師無奈只好把價格開得越來越高，最終以十二萬五千美元成交了。

當房地產主的律師交付支票時，一位年輕的代理人對大師說：「倘若你再多要五千美元，恐怕一部起重機就要砸上那幢樓了。」這著實讓大師吃了一驚。當時，一部起重機已開到大樓旁，只要起重機把那幢舊樓撞一下，製造成一件「意外」事故，舊樓就會成爲危險建築而非拆不可了。這樣一來，那最後一家房客將一無所獲。

看來在談判中充分利用自身的優勢是非常必要的，但同時必須要注意掌握好必要的尺度，做到適可而止。

三、接受和拒絕都要講究策略

在一切商務談判中，當對方向你提出一個價格時，你有三種回答。你可以接受，也可以拒絕，還可以要求他們重新出價。接受對方的出價應該是商場中最簡單的皆大歡喜的舉動。你說「好」，雙方握手，達成交易。它表示你完成了一筆銷售業務。

然而有些人往往做過了頭。他們變得貪得無厭，對於對方的合理出價還有別的想法，他們想得到更多的錢。如果他們真的這樣做了，結果可能是一場災難。

☑毫不猶豫地見好就收

一位女老闆要參加一次談判，準備買一家仲介公司。賣方叫賣幾個月，一直沒有賣出去，最後發現這位女士是唯一真正感興趣的買方。其實，女士也知道這個情況。談判一開始，她出了一個較低的價格：三百五十萬美元。

不出意料，賣方回答說，這與他們預計的價格相距甚遠，他們無法接受。接著他們列舉了最近與此類似的一些產權的買賣價格，他們認為六百五十到八百萬美元的價格比較易於接受。聽了他們的話，女士最後出價七百萬美元。實際上對於賣方來說，既然她是唯一真正想買的人，七百萬美元應該是個好價錢了。

但是，賣方很不禮貌地拒絕了她最後的出價。他們不能正確對待她已經把原先的出價翻了一番，而且也多於他們的最低接受價這個事實，反而要求她再加幾十萬美元，使之接近八百萬美元。

這位女士感到十分生氣，立即退出了這場談判，收回了七百萬美元和三百五十萬美元的出價。後來，賣方請求重新談判，她毫不猶豫地拒絕了。她的這種反應是完全合乎情理的。

直到現在，這家仲介公司的產權仍然沒有賣出去。

當你是賣方，推銷商品的時候，如果買方滿足了或者超過了你的要價，你還想要得更多，那麼請把這個念頭埋在心底，千萬不能暴露。這是推銷員應該遵循的基本規則。

☑說「不」的時候，不能侮辱人

從理論上講，拒絕別人的出價，應該比說「好」更簡單。你說「不」，接著離開談判桌，然後希望別的買方還會來買你的東西，而且願意出更高的價格。實際上許多人都在這裡犯了錯誤。他們不會只說聲「不」就離開，他們還非得說明理由。可是這些理由很少能站得住腳或者會侮辱和傷害別人。

☑耐心地說「可能」

當然在商務談判中，最重要的「拒絕」應該是不是關門——「不」的涵義實際上是「可能」。

當談判對方的出價無法讓人接受時，你應當避免直接的對抗。馬上說「不」常常是一時的感情衝動，聽起來顯得毫無談判的餘地，好像對方冒犯了你的尊嚴。它造成了人與人之間的心理隔閡，這是任何金錢都無法彌補的。你從來不知道，如果你說「不」，對方會如何反應。

麥克向一家公司推銷一個出版專案。以前他和這家公司成功地合作了許多生意。

這次，在談判桌上剩下的唯一問題只是價格了。麥克認識這家公司的總裁是一個意志堅強、有時顯得沒有彈性的談判者。他出價很低，只有準備要價的三分之一。

對於這位總裁的出價，麥克什麼話也沒有說，先把它擱到一邊，暫不理會。他的目的是：避免直接衝突。麥克知道這位總裁是位容易激動的人。如果一下拒絕他的出價，就會引起他的激烈反擊。他會生氣地打斷自己的話說：「好，讓這件事到此爲止吧……」麥克不願聽到這樣的話。

相反，麥克轉而談及一些不涉及價格方面的問題。麥克向這位總裁表示，他很喜歡他們，也喜歡和他們在一起合作，又問他們的銷售計劃怎樣打算的？他們準備從這個專案中獲取多少利潤？

總裁上鉤了，他對自己的公司感到自豪，對公司有能力取得市場的成功感到自豪。實際上，他開始向麥克靠攏了。隨著他繼續吹捧他們如何能夠達成這項偉大的交易，麥克重新提出了自己希望的價格——當然提高了許多，而這位總裁馬上就愉快地接受了。

四、運用強力銷售談判技巧

談判的目的是要達成雙贏方案。然而在現實生活中，一個要榨橘子汁，而另一個要用橘子皮烤蛋糕的情況畢竟太少見了。你坐在一個買家面前，你們心中都抱著同樣的目的。這裡沒有魔術般的雙贏解決方案。他想要的是最低價，你想要的是最高價。他想從你的口袋裡掏出錢來，放進他的腰包裡。

羅格·道森總結的「強力銷售談判」則完全不同。它教你如何在談判桌上獲勝，同時讓對方覺得他也贏了。實際上，正是這種本領決定了一個人能否成爲強力銷售談判高手。

道森指出：「跟下棋一樣，運用強力銷售談判技巧必須遵守一套規則。談判和下棋最大的區別在於，談判時對方不知道這些規則，只能預測你的棋路。棋手將象棋中的這幾步戰略性走棋稱爲『棋局』。開局時要讓棋盤上的局勢有利於你。中局要保持你的優勢。進入殘局時利用你的優勢，將死對方，用在銷售上就是要買方下單。」

☑開局：提出高於預期的要價

報價要高過你所預期的底牌，爲你的談判留有周旋的餘地。談判過程中，你總可以降低價格，但絕不可能抬高價格。因此，你應當要求最佳報價價位，即你所要的報價對你最有利，同時買方仍能看到交易對自己有益。

你對對方瞭解越少，開價就應越高，理由有兩個。首先，你對對方的假設可能會有差錯。如果你對買方或其需求瞭解不深，或許他願意出的價格比你想的要高。第二個理由是，如果你們是第一次做買賣，若你能做很大的讓步，就顯得更有合作誠意。你對買方及其需求瞭解越多，就越能調整你的報價。這種做法的不利之處是，如果對方不瞭解你，你最初的報價就可能令對方望而生畏。

如果你的報價超過最佳報價價位，就暗示一下你的價格尚有靈活性。如果買方覺得你的報價過高，而你的態度又是「買就買，不買拉倒」，那麼談判還未開始就已注定要失敗。

你可以透過以下方式，避免開出令對方生畏的高價：「一旦我們對你們的需求有了更準確的瞭解，也可以調整這個報價。但就目前從你們的定貨量、包裝質量和適時庫存的要求來看，我們最低只能出每件二·二五美元。」這樣，買方可能會想：「要價太高了，但看來還可以談一談。我要下點工夫，看看能議價多少。」

在提出高於預期的要價後，接下來就應考慮：應該多開價多少？答案是：以目標價格爲支點。對方的報價比你的目標價格低多少，你的最初報價就應比你的目標價格高多少。

舉個例子。買方願出價一・六美元買你的產品，而你能承受的價格是一・七美元，支點價格原理告訴你開始應報價一・八美元。如果談判的最終結果是各讓一步，你就達到了目標。當然，並不是你每次都能談到預期的價格，但如果你沒有其他辦法，這也不失爲上策。

☑中局：爭取雙贏方案

當談判進入中期後，要談的問題變得更加明晰。這時談判不能出現對抗性情緒，這點很重要。因爲此時，買方會迅速感覺到你是在爭取雙贏方案，還是持強硬態度事事欲占盡上風。

(1)用先退後進的方法扭轉局面。如果雙方的立場南轅北轍，你千萬不要力爭！力爭只會促使買方證明自己立場是正確的。最好是開始時贊同買方觀點，然後運用「覺得、原來覺得和最後發現」這種先退後進的方法扭轉局面。買方出乎意料地對你產生敵意時，這種先退後進的方式能給你留出思考的時間。

例如，如果買方說：「我聽說你們貨運部有問題。」你聽了之後不要與他爭論。

那樣只會讓他懷疑你的客觀性。

如果你說：「我非常理解你對此的心情，許多購買者也有同感，我想那是幾年前我們搬倉庫時的事了。現在像通用汽車等大公司都信任我們，而且我們從未出過任何問題。但你可知道我們總能發現什麼？我們讓買方仔細察看後，他們總發現……」

(2)有條件的讓步。在中局占優勢的另一招是交易法。任何時候買方在談判中要求你做出讓步時，你也應主動提出相應的要求。

如果你在銷售堆高機，最近賣了一筆大單給一家倉儲式五金店。他們要求趕在開張前三十天送貨。後來該連鎖店的業務經理打電話說：「我們商店提前竣工了，所以想提早開張。你能否提前到下星期三將堆高機送來？」

儘管你的第一反應很可能是回答「好的」，但建議你用交易法。

你可以跟這位業務經理說：「老實說，我不知道能否那麼快送貨。我得和計劃人員確認一下，看看他們能有什麼辦法。但我可否問一下，如果我們能替你做到，你能為我們做些什麼？」強調這點能阻止對方的「無理要求」。如果買方知道他們每次提出要求，你都要求相應的回報，就能防止他們沒完沒了地提更多要求。

☑終局：贏得圓滿結果

步步爲營是一種重要方法，因爲它能達到兩個目的。一是能給買方一點甜頭，二來你能以此使買方贊同之前不贊同的事。

或許你們銷售的是包裝設備。你正試圖說服客戶購買最新型號的設備，但他執意不肯。你猶豫了，但又重拾信心堅定下來，想在告別前再做嘗試。於是，在對所有其他要點達成一致之後，你開口道：「我們可否再看一下我們的最新型號？我並不是向誰都推薦這台設備的，但考慮到你們的生產量和發展潛力，我想你們還是買新型的好，每月只不過多投資五百美元。」這樣你很可能會聽到對方說：「好吧，如果你覺得很重要，我們就買吧。」

贏得終局圓滿的另一招是最後時刻做出一點小讓步。強力銷售談判高手深知，讓對方樂於接受交易的最好辦法是在最後時刻做出小小的讓步。儘管這種讓步可能小得可笑，例如付款期限由三十天延長爲四十五天，或是免費提供設備操作培訓，但這招還是很有用的。因爲重要的並不是你讓步多少，而是讓步的時機。

你可能會說：「價格我們是無法再變了，但我們可以在其他方面談一下。如果你接受這個價格，我可以親自監督安裝，保證一切順利。」或許你本來就是這樣打算的，但現在你找對了時機，不失禮貌地影響了對方，使他做出回應：「如果這樣，我也就接受這個報價了。」此時他不會覺得自己在談判中輸給你了，反會覺得這是公平交易。爲什麼不能一開始就直接給予買方最低報價?要讓對方容易接受交易是其中緣由之一。而且如果你在談判結束之前就全盤讓步，最後時刻你手中就沒有談判議價的籌碼了。

交易的最後時刻可能會改變一切。就像在賽馬中，只有一點最關鍵，那就是誰先衝過終點線。作爲一名深諳談判技巧的強力型銷售談判人員，你應該能自如地控制整個談判過程，直到最後一刻。

菁英培訓版
MEMO

第四章

全面發展你的溝通技巧

- 溝通的基本類型
- 管理者必須掌握溝通的技巧
- 透過溝通發展認同感，消滅人際衝突
- 越過溝通的障礙，全面發展你的溝通技巧

管理者必須掌握溝通的技巧

一、溝通在管理中的作用

具體而言，「溝通」在管理中擔任的重要作用有以下幾個方面：

☑激勵

良好的組織溝通，尤其是暢通無阻的上下溝通，可以發揮振奮員工士氣、提高工作效率的作用。隨著社會的發展，人們開始了由「經濟人」走向「社會人」、「文化人」的角色轉換。人們不再是一味追求高薪資、高福利等物質待遇，而是要求能積極參與企業的創造性實踐，滿足自我實現的需求。

良好的溝通，使員工能自由地和其他人，尤其是管理階級談論自己的看法、主張，使自己的參與感得到了滿足，進而激發工作積極性和創造性。

☑創新

在有效的人際溝通中，溝通者互相討論、啓發，共同思考、探索，往往能迸發出創意的火花，專家座談會就是最明顯的例子。例如惠普公司曾要求工程師們將工作公開化供別人品評，以便大家一起思考策畫，共同解決困難。

員工對於自己的企業有最敏感的的理解，他們往往能最先發現問題和癥結所在。有效的溝通機制使企業各階層能分享他的想法，並考慮付諸實施的可能性，這是企業能否創新的重要來源之一。日本松下企業的「意見箱」制度就充分說明了「員工意見傳達」的好處。

☑交流

溝通的一個重要作用就是「交流訊息」。顧客需求訊息、製造工藝訊息、財務訊息……等，都需要準確而有效地傳達給相關部門和人員。各部門、人員間必須進行有效的溝通，以獲得其所需要的訊息。

如果製造部門無法及時獲得研發部門和市場部門對於商品的正確反映訊息，很難想像會造成什麼樣的結果。企業決定的任何決策，都需要憑藉書面的或是口頭的傳達，並以正式的或非正式的溝通方式傳達給適宜的部門或人員。

☑聯繫

企業主管可透過訊息溝通瞭解客戶的需要、供應商的供貨能力、股東的要求及其他外部環境訊息。任何一個組織只有經由訊息溝通，才能成爲一個與其外部環境發生相互作用的開放系統，尤其是在環境日趨複雜、瞬息萬變的情況下，與外界保持著良好的溝通狀態，能及時察覺商機、避免危機是企業管理人員的一項關鍵工作，也是關係到企業興衰的重要工作。

二、領導模式會對交流的方式產生影響

作爲管理者，你必須設法借助他人的幫助完成管理工作，這就意味著管理所需要的或賴以完成管理工作的人力資源。人事管理就是一種領導作爲，我們各自都有自己理想的領導模式，當我們與他人——主要是與員工接觸時，領導模式會對交流的方式產生影響。

然而，迄今爲止，還沒有哪種神奇的領導模式能使我們成爲有效的領導者，我們應該努力探索，以形成不同的領導模式。但是，任何一種領導環境所形成的領導模式都必須適合以下三個要素的需要：

(1)你自己，即領導者。

(2)員工。

(3)應完成的任務。

你只有去理解、分析這三個要素才能在任何既定的環境中選擇正確的領導模式。

基本的領導模式有以下四種：命令型、指導型、扶持型和委託型

四種基本領導模式

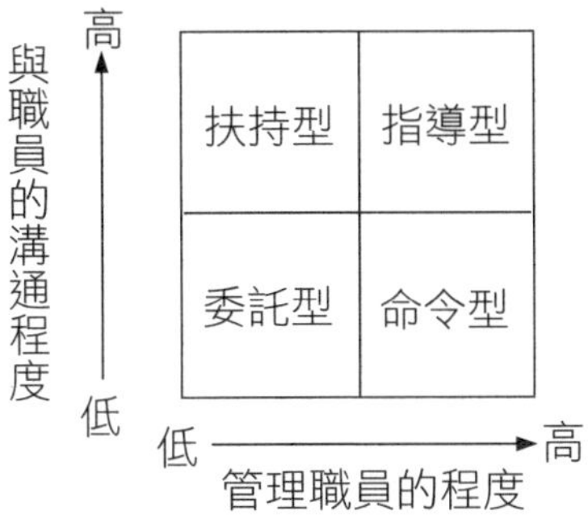

扶持型	指導型
委託型	命令型

以上每種模式都是可供選擇的（但我們都有自己偏愛的模式，很難改用其他模式，即使是有必要改變），一定要根據具體的環境進行抉擇。

☑命令式

如果你一定要完成一項極其複雜的工作，而你的員工又經驗不足，工作態度也不主動，礙於時間緊迫，但又必須按時完成，那最適合選擇的是「命令型領導模式」。你應向大家解釋有哪些工作需要去做，告訴他們該如何做。

在這種情況下，你可能會落入過分交流的陷阱，即過多和多餘的解釋反而可能浪費時間，打亂工作內容的部署。

☑指導式

如果員工在工作上態度比較主動並具有較豐富的工作經驗，就適合選擇「指導型領導模式」。你可以花時間和員工進行溝通，以友好的方式向他們詳細地說明工作，並幫助他們理解工作的本質。

☑扶持型

如果員工的技術嫻熟，而你與員工之間的關係又比較密切，你可以選擇「扶持型領導模式」。

☑委託式

當你與員工的關係十分密切，而且他們完全可以獨立勝任工作，就可以放心地讓他們執行，這時，你適合選擇「委託型領導模式」。在這種模式中，管理者和員工的關係融洽，平等而友善。儘管如此，你仍需要密切注意員工的工作表現，以保證各項工作標準仍有效地執行。

如果你把這四種基本領導模式與員工的特點和工作經驗有效地結合，你就能在特定的環境中確定哪一種領導模式最適用。爲了能正確選擇切實可行的領導模式，你必須具備以下三個方面的特別技能。

(1)分析技能：評估部屬能完成任務的經驗和主動程度。

(2)變通技能：根據對具體環境的分析結果，變更並選擇最佳領導模式。

(3)溝通技能：向相關部屬解釋爲什麼領導模式要隨環境的不同而發生變化。

每個人執行某項任務的經驗和主動性各不相同，倘若你把領導模式從委託型改爲命令型，而你又未能與部屬人員進行有效的溝通，說明改變領導模式的原因，那麼員工會對命令型做出敵對的反應。他們之所以產生這種不友好的反應，是因爲員工對新的領導管理工作完全陌生。

你所管理的大部分人員，他們的工作經驗和積極性可能屬中等水平，因此扶持型或指導型應是你大部分時間所選用的領導模式。但是，如果你的領導方式是長期堅持且固定不變的，就不免有墨守成規、不思進取的缺陷。

美國第十六任總統亞伯拉罕・林肯有句名言：「你可以用一〇〇%的時間有效地管理八〇%的人員，或用八〇%的時間去有效地管理一〇〇%的人員，但你不能用一〇〇%的時間有效地管理一〇〇%的人員。」

因此，你需要在某段時間裡運用上述四種不同的領導模式實施管理，同時必須具有以下幾種交流技能：

⑴以簡明扼要地說明任務的性質。
⑵清楚告知員工做什麼？如何去做？
⑶鼓勵能夠圓滿完成任務的員工。
⑷與員工建立一個和諧的關係。
⑸與員工一起探討問題，聽取他們的意見，瞭解他們的工作態度。
⑹有效地委託工作，以便瞭解員工應該向你提出的問題爲何。
⑺身爲領導者，如何解釋在特定環境中你的失常行爲？實際上，你本身就是一個

矛盾的統一體。

三、培養基本技能，提高交流能力

真正有效的交流，並非一蹴可幾，以下的技巧有助你提高交流能力，解決交流中碰到的難題，使你每次的交流都能產生效能。

☑妥善處理期望值

要想消除雙方期望值之間的差異，有一種方法，就是訂立業績協定。員工與企業簽定的業績協定可使雙方明確彼此的期望和要求，幫助規畫雙方都能達到的目標，並且定期評估協定，以確保雙方的目標和要求都能得以實現。

另一種方式是，清楚說明你的期望。透過這樣的方式，部屬是否能達到你預期的期望，對方就有責任向你說明未達成期望的原因。這種做法可以使你根據實際需要，對自己的期望做些有效調整，預先消除可能出現的傷害和失望感。

☑培養有效的聆聽習慣

因爲人們之間的交流充滿著不確定的變數（如自己和別人的談話及聆聽風格等），所以會造成交流既複雜又具挑戰性。「設身處地」是成功交流的一個關鍵因素。

要懂得「聆聽」，但不要受部屬個人情感的感染。別人有難處時，應設身處地理解別人身處的狀況，但不能被這種情感所左右，必須爲自己留點精力去做自己的事。記住，不要做一塊全都吸收的海綿。

☑認真聽取、積極給予反饋

一般來說，「反饋」是事實和情感因素的結合。交流中的實質訊息和關係訊息很容易帶來誤解，反而招致不滿的情緒產生。因此，在提供反饋意見時，應強調成長進步，不要妄做評判或橫加指責。聽取別人的反饋時，則要抓住其中對自己有價值的訊息，不要計較對方的身分和交流的方式，確實做到「言者無罪，聞者足戒」的境界。

☑堅持誠實

雖然「良藥苦口」，但實話實說有時的確傷人。但誠實最終能增加建立穩固長久關係的機會，因此，「誠實」非常重要。如果有什麼事煩擾你，大可以直接說出來，以免小事化大更難處理。

☑平息對方的怒火

對方怒氣衝衝時，如何冷靜處之，使對方平息下來？在此向你介紹幾種方式：讓對方的情緒發洩出來、表示體諒對方的感受、詢問是否需要幫助、針對問題提供解決的方法。

☑有創意地正面交流

當所有其他方式都行不通時，惟有正面交鋒。這也是擺平各方人員、理出頭緒的一個機會。如果你實在不願正面衝突，也不要因爲害怕而逃避，更要理直氣壯、據理力爭。當然有的時候，藉故避開眼前的衝突也不失爲一個明智之舉。

☑果斷決策

如果你疲憊不堪、心中煩惱或忙得無法分身，坦然地說出來，或另找時間使自己處於最佳狀態後再處理。如果優柔寡斷、遲疑不決，可採用以下步驟予以補救：回顧所有事實後，再反覆過濾各種可行方案，選擇一種最佳解決方式（哪怕這意味著你要多受點委曲），一旦下了決策，就要立即行動。

☑對失誤不必耿耿於懷

與人交流時出現失誤，讓你失望或受到傷害，不要放在心上。不妨自問一下，想不想揹上這包袱？自己能從中得到什麼？一旦盡心盡力地澄清失誤，就要爲自己付出的努力感到驕傲，該過去的讓它過去。一番心血沒有因此白費，心中的憂慮巨石落地，反而應該高興才對！

第二節 透過溝通發展認同感，消滅人際衝突

一、人際衝突產生的原因

「人際衝突」主要指兩個以上個體互相作用時導致的衝突。要有效地協調人際衝突，必須對「人際衝突」進行深入的分析。分析人際衝突的一種主要方法就是「約哈里窗」。

約哈里窗是由約斯菲・勒弗特和哈里・莫格漢提出來的。根據這種方法，兩個人在相互作用時，自我可以看成是「我」，其他人可以看做是「你」。關於個體的事，有些本人知道，有些本人不知道，有些他人知道，還有些他人不知道。所以可以分爲公開的自我、隱蔽的自我、盲目的自我和未發現的自我。

約哈里窗口

自己 / 他人	自知	不自知
人知	開放區域	盲目區域
人不知	祕密區域	未知區域

在公開的自我情境下，你瞭解自己，而對方也瞭解自己，交往時具有開放性和一致性，沒有理由要去防衛，這種人際溝通幾乎不會產生衝突。在隱蔽的自我狀態下，你瞭解自己，而對方卻不瞭解他自己；本人在溝通中需向他人隱藏自己，害怕別人瞭解自己後傷害自己；此種狀態下，個體可能會將自己真實的想法與情感隱藏起來，由

此會導致潛在的人際衝突。

在盲目的自我情境下，本人不瞭解自己，而別人卻瞭解自己。有時個體會無意中激怒別人，別人可以告訴他，但又怕會傷害他的感情，因此也會有潛在的人際衝突。最後一種情境即未發現的自我，本人不瞭解自己，別人也不瞭解自己，會產生許多誤會，所以極易產生人際衝突。

二、協調人際衝突的三種基本策略

明白了人際衝突產生的心理學原因，我們便可以透過自我披露，擴大公開的自我和減少隱蔽的自我，進而減少人際衝突。

協調人際衝突有三種基本的策略，即「輸—輸」法，「輸—贏」法和「贏—贏」法。其中「贏—贏」法是溝通時解決人際衝突的最爲有效的方法。

☑「輸—輸」法

指在解決衝突的過程中雙方均有損失的方法。其具體方法是：

◇在溝通中相互妥協或採取折衷的方案。

◇給衝突的一方提供不合理的補償。

◇無法溝通而求助於第三方或仲裁人。
◇求助於現有的規章制度。
☑「輸—贏」法
指在解決衝突中，一方利用各種手段獲勝，並使另一方受損的方法。具體表現爲：
◇溝通雙方都十分明白雙方利益的界線。
◇雙方在溝通中相互攻擊。
◇溝通雙方都是從自己的角度討論問題。
◇爭論的重點放在解決方法而不是去協調理解對方的價值觀。
◇溝通雙方對問題持短期觀點。
☑「贏—贏」法
在溝通中，雙方都充分運用自己的能力和創造性去解決問題，而不是爲了擊敗對方，最終是雙方的需要均得到了滿足，也就是雙贏的結果。
對於一個組織而言，其人際衝突可以分爲「建設性衝突」和「破壞性衝突」。一般說來，「建設性衝突」往往會激發人們的積極性、主動性和創造性，提高責任感和參與意識，這種良性競爭的結果會給組織帶來活力，形成一種生動活潑、朝氣蓬勃的局面。

而「破壞性衝突」則導致個人主義和本位主義膨脹，造成才力、物資的浪費和工作的耽誤。在實際生活中，這兩類衝突相互滲透、相互包含，所以要善於識別和處理。

越過溝通的障礙，全面發展溝通技巧

一、溝通要素

☑編碼與解碼

「編碼」是發送者將訊息符號化，編成一定的文字等語言符號及其他形式的符號。「解碼」則是接收者在接收訊息後，將符號化的訊息還原爲思想，並理解其意義。

完美的溝通應該是傳送者的訊息在經過「編碼」與「解碼」兩個過程後，形成的訊息完全吻合，也就是說，編碼與解碼完全「對稱」。「對稱」的前提條件是雙方擁有類似的經驗，如果雙方對訊息符號及訊息內容缺乏共同經驗，也就是缺乏共同語言，編碼、解碼過程不可避免地會出現誤差。

因此，甲方在編碼過程中必須充分考慮到乙方的經驗背景，注重內容、符號對乙方的可讀性；乙方在解碼過程中也必須在考慮甲方經驗背景下進行，這樣才能更準確地掌握甲方欲表達的真正意圖，而不至於曲解、誤解甲方的本意。

☑通道

「通道」是由發送者選擇的、藉由傳遞訊息的媒介物。不同的訊息內容要求使用不同的通道。政府工作報告就不宜透過口頭形式發佈，而應採用正式文件作爲通道。邀請長官或客戶吃飯時，如果採用備忘錄形式就顯得不夠尊重。

有時人們可以使用兩種或兩種以上的傳遞管道，例如，雙方可先口頭達成協定，然後再予以書面認定。由於每種方式都各有利弊，因此，正確選用恰當的通道對有效的溝通十分重要。

但是，在各種方式的溝通中，影響力最大的，仍然是面對面的原始溝通方式。面對面溝通時，除了語詞本身的訊息外，還有溝通者整體心理狀態的訊息。這些訊息使得發送者和接收者可以發生情緒上的相互感染。因此即使是在通訊技術高度發達的國家，總統大選時，候選人也總是不辭辛勞地四處奔波演講，爲的就是能和選民產生最直接的互動關係。

☑背景

溝通總是在一定背景中發生的，任何形式的溝通，都要受到各種環境因素的影響。一般認為，對溝通過程發生影響的背景因素包括以下幾個方面：

(1)心理背景。「心理背景」是指溝通雙方的情緒和態度。它包含兩個方面的內涵：其一是溝通者的心情、情緒，處於興奮、激動狀態或處於悲傷、焦慮狀態下，上述兩種溝通者的溝通意願與溝通行為是截然不同的，後者的溝通意願往往不強烈，思維也處於抑制或混亂狀態，編碼、解碼過程一定會受到干擾。其二是溝通者對對方的態度，如果溝通雙方彼此敵視或關係淡漠，溝通過程則常由於偏見觀念而出現誤差，雙方都較難準確理解對方思想。

(2)物理背景。物理背景指溝通行為發生的場所。特定的物理背景往往造成特定的溝通氣氛。在一個千人禮堂演講與在自己辦公室慷慨陳詞，其氣氛和溝通過程是大相徑庭的。

(3)社會背景。社會背景是指溝通雙方的社會角色關係。對不同的社會角色關係，有著不同的溝通模式。上級可以拍拍你的肩膀，告訴你要以廠為家，但你絕不能拍拍他的肩膀，告誡他要不要徇私。

(4)文化背景。文化背景是指溝通者長期的文化積澱，也就是溝通者較穩定的價值取向、思維模式、心理結構的總和。由於它們已轉變爲我們精神的核心，成爲內心思考、外在行動的依據，因此，通常人們體會不到文化對溝通的影響。實際上，文化影響著每一個人的溝通過程，影響著溝通的每一個環節。當不同文化產生接觸、交融時，人們往往能發現這種影響，外商公司中管理者與員工間的互動關係就是最好的佐證。

例如，在西方國家重視和強調個人，溝通風格也是採取個體取向，並且鼓勵直言不諱，對於組織內部的協商，美國的管理者習慣於使用備忘錄、佈告等正式溝通管道來表明自己的看法和觀點。

而在亞洲等東方國家，人際間的相互接觸相當頻繁，而且更多是非正式的。一般來說，日本管理者針對一件事先進行大量的口頭磋商，然後才以文件的形式，總結已做出的決議。這些文化差異使得不同文化背景下的管理人員在協商、談判過程中遇到不少困難。

(5)反饋。溝通過程的最後一環是反饋回路，反饋是指接收者把訊息返回給發送者，並對訊息是否被理解進行核對。爲檢驗訊息溝通的效果如何，接收者是否正確收受並理解了每一訊息的狀態，「反饋」是不可少的過程。在沒有得到反饋之前，我們無法確認訊息是否已經得到有效的編碼、傳遞和解碼。如果反饋後顯示，接收者接收並理解了訊息的內容，這種反映就稱爲「正反饋」，反之，則稱爲「負反饋」。

反饋不一定來自對方，往往可以從自己發送訊息的過程或已發出的訊息獲得反饋。當我們發覺所說的話含混不清時，自己就可以做出調整，這就是所謂的自我反饋。

與溝通一樣，反饋可以是有意識的或是無意識的。對方不自覺流露出的震驚、興奮等表情，能夠給發送者很多不同的感受啓示。但作爲一個管理者，應能儘量控制自己的行動，使反饋行爲能處於自己意識的控制狀態下。

二、雜訊

雜訊是妨礙訊息溝通的任何因素，它存在於溝通過程的各個環節中，並有可能造成訊息的失真。比如：模稜兩可的語言、難以辨認的字跡、不同的文化背景等都是雜訊。典型的雜訊包括以下幾個方面的因素：

☑影響訊息發送的因素

(1)表達能力不佳、詞不達意或者邏輯混亂、艱深晦澀等，讓人無法準確對其進行解碼動作。

(2)「訊息—符號系統」差異。訊息溝通使用的主要符號是語言，語言也只是一種符號，而不是客觀事物本身，它只有透過人們的「符號—訊息」的聯繫才能產生對訊息的理解。由於不同的人往往有著不同的「訊息—符號系統」，因而接收者的理解內容有可能與發送者的意圖存在著偏差。

(3)知識經驗的侷限。你無法向一個小學生解釋清楚相對論，因爲他只能在自己的社會經歷及知識經驗範圍內解碼，當訊息超出這個範圍時，他是無法理解的。企業內不同部門的交流也會因各自使用的專業知識、術語差異而困難重重。

(4)形象因素。如果接收者認爲發送者不守信用，則即使其所發出的訊息是真的，接收者也極有可能用懷疑的態度去理解它，而認爲可信度極低。

☑影響訊息傳遞的因素

(1)訊息遺失。

(2)外界干擾。例如在馬達聲轟隆隆的環境下交談是一件十分吃力的事。

(3)物質條件限制。沒有電話，你自然無法與千里之外的總公司進行口頭溝通。

(4)媒介的不合理選擇。用口頭的方式傳遞一個意義重大、內容龐雜的促銷計劃將使實際效果大打折扣。

☑影響訊息接受和理解的因素

(1)選擇性知覺。由於每個人的心理結構及需求、意向系統各不相同，這些差異性會直接影響到他們接收訊息時知覺的選擇性，即往往習慣於對某一部分訊息會產生敏感的知覺，而對另一部分訊息則有「痲木不仁」、「充耳不聞」的傾向，正如一位學者所言：「我們不是看到事實，而是對我們所看到的事物進行解釋並稱之爲事實。」

(2)訊息過濾。接收者在接收訊息時，往往根據自己的理解能力和需要，對訊息加以「過濾」。

(3)接收者的解碼和理解偏差。由於個人所處的社會環境不同，在團隊中角色、地位、經驗也各異，因此對同一訊息符號的解碼、理解都會產生不同的結果。即使同一個人，由於接收訊息的心情、氛圍不同，也會對同一訊息有不同解釋。

(4)訊息過量。管理人員在做出決策前需要足夠的訊息資源，但如果訊息過於龐大，則過猶不及，使管理者無法分清主要訊息與次要訊息，或是浪費大量時間加以解說。

(5)在此特別需要強調和說明的是，社會地位的差距對溝通會產生十分重大的影響。

企業內各部門的目標各異而造成的衝突和互不信任，也往往會干擾他們之間的有效溝通，如技術人員與銷售人員不會有共同感情，前者往往責怪後者提出一些不切合實際的要求，或是不支援高層的理論，而後者則認爲前者不能順應消費趨勢、潮流的變化。

三、消除雜訊影響，越過溝通的障礙

溝通的每個環節、每個階段都存在著干擾有效溝通的雜訊，我們該如何越過這些溝通中的障礙因素呢？

☑系統思考，充分準備

在進行溝通之前，訊息發送者必須對其想要傳遞的訊息有詳盡的準備，並依此選擇適宜的溝通管道、場所等，也就是在溝通前必須先加以系統化思考。

☑溝通要因人制宜

發送者必須充分考慮接受者的心理特徵、知識背景等狀況，依此調整自己的談話方式、措辭或是服飾儀態。譬如在工廠與生產線工人溝通，如果你西裝革履而且咬文嚼字，勢必在與工人溝通時，造成對方心理上的障礙。技術人員在與其他一般員工溝通時，也要儘量避免使用過於專業的辭彙。

☑充分運用反饋

許多溝通問題，是由於接收者未能準確掌握發送者的意思所造成的，如果溝通雙方在溝通中，積極使用「反饋」的方法，就會減少這些問題的發生。管理者可以透過提問以及鼓勵接收者積極反饋來取得回饋訊息，當然，管理者也可經由仔細觀察對方的反應或行動來間接獲取反饋訊息。

☑積極傾聽

積極傾聽是要求你能站在說話者的立場上，運用對方的思維架構去理解訊息。亨利・福特曾指出，「任何成功的祕訣，就是以他人的觀點來衡量問題。」

積極傾聽有以下四項原則：專心、移情、客觀、完整。

移情就是要求你應去理解說話者的意圖而不是你「欲」理解的意思。傾聽時，更應客觀傾聽內容，而不應太早妄下評判。我們都有這種體會，當聽到與自己不同的觀點時，會在心中反駁他人所言，顯然這種行為會帶來主觀偏見和遺漏餘下的訊息。聆聽者對發送者傳遞的訊息有一個完整的瞭解：既獲得傳遞的內容，又獲得發送者的價值觀、情感訊息；既理解發送者的言中之義，又發掘出發送者的言下之意；既注意其語言訊息，也關注其非語言訊息。

☑調整心態

人們的情緒對溝通的過程有著巨大影響，過於興奮、失望等情緒一方面易造成對訊息的誤解，另一方面，易造成過於激烈的反應。因而，管理者在溝通前應主動調整心態至平靜狀態。

☑注意非言語訊息

非言語訊息往往比言語訊息更能造成影響，因此，如果你是訊息發送者，你必須確保發出的非語言訊息能強化語言的作用。如果你是接收者，你同樣要密切注意對方的非語言提示，才能全面理解對方的思想、情感。

四、要使溝通成功，「意義」不僅需要被傳遞，還要被理解

如果寫給我的一封信使用的是葡萄牙語（這種語言本人一竅不通），那麼不經翻譯就無法稱之爲溝通。「溝通」是意義上的傳遞與理解，完美的溝通應是經過傳遞後，被接收者感知到的訊息與發送者發出的訊息完全一致。

尤爲重要的是，一個觀念或一項訊息並不能像有形物品一樣由發送者傳送給接收者。在溝通過程中，所有傳遞於溝通者之間的，只是一些符號，而不是訊息本身，語言、身體動作、表情等都是一種符號。傳送者首先把要傳送的訊息「翻譯」成符號，而接收者則進行相反的「翻譯過程」。

由於每個人「訊息—符號儲存系統」各不相同，對同一符號（例如語言辭彙）常存在著不同的理解，例如同一個數字十三，中國人與美國人有著不同的體驗和認識；「定額」這樣一個辭彙，對不同的管理階層有著不同含義：高層管理者常常把它理解爲「需要」，而下級管理者則把它理解爲「操縱」和「控制」，並由此而產生不滿的抗拒情緒。

問題在於，許多管理人員並沒有意識到這點，忽視了不同成員對「訊息—符號儲存系統」的差異，自認爲自己的辭彙、動作等符號能被對方還原成自己欲表達的訊息。但這往往是不正確的，而且導致了不少的溝通問題。

另外，「良好的溝通」常被錯誤地理解爲溝通雙方已達成的協定，而不是準確理解訊息的意義。如果有人與我們意見不同，不少人認爲此人未能完全領會我們的看法，換句話說，很多人認爲良好的溝通是使別人接受自己的觀點。但是，一個人可以非常明白對方的意思，卻不必同意對方的看法。

事實上，溝通雙方能否達成一致協定、別人是否接受自己的觀點，往往並不是「溝通良好與否」這個因素決定的，它還涉及到雙方的根本利益是否一致，價值觀念是否相同等其他關鍵因素。例如在談判過程中，如果雙方存在著根本利益的衝突，即使溝通過程中不存在任何雜訊干擾，談判雙方的溝通技巧也十分嫺熟，但往往也無法達成一致協定，充其量只是溝通雙方每個人都已充分理解了對方的觀點和意見。

溝通的訊息是包羅萬象的。在溝通過程中，我們不僅傳遞消息，而且還表達讚賞、不快的情緒，或提出自己的意見觀點。這樣溝通訊息就可分爲：事實、情感、價值觀、意見觀點。如果訊息接收者對訊息類型理解與發送者不一致，有可能導致溝通障礙和訊息失真。在許多誤解的問題中，其核心都在於接收人對訊息到底是意見觀點的敘述、還是事實的敘述混淆不清。

另外，溝通者也要完整理解傳遞來的訊息，既要獲取事實，也要分析發送者的價值觀、個人態度，這樣才能達到有效的溝通結果。

五、澄清溝通中的幾個錯誤觀念

(1)「溝通不是太難的事，我們每天不是都在做溝通嗎？」如果從表面上來看，溝通是一件簡單的事。每個人的確每天都在做，它就像我們呼吸空氣一樣自然。但是，一件事情的自然存在，並不表示我們已經將它做得很好。

因爲溝通是如此「平凡」，以致我們忽略了它的複雜性，也不肯承認自己缺乏溝通的基本能力。如果我們有意成爲一個更成功的溝通者，那麼必須意識到「雖然溝通看起來很容易，但是有效溝通卻是一項非常困難和複雜的行爲」。

(2)「因爲我告訴他了，所以我已和他溝通了。」柏樂在《溝通的過程》一書中指出，當你聽到有人說「我告訴過他們，但是他們沒有搞清楚我的意思！」你可以知道此人深信他要表達的意思都在字眼裡面，他以爲只要能夠找到合適的語言來表達意思，就完成「溝通」了。其實「語言」本身並不具「意思」，其中還必須存在著一個翻譯的轉化過程。

(3)「只有當我想要溝通的時候，才會有溝通。」你一定見過一個演說者因爲緊張而僵硬地走向講台，當他猶豫地拖著腳步前進時，他的雙肩是下垂著，然後你會看到他藉著挺胸、直視觀眾以及用嚴肅的語調發言來克服他的怯場。演說者會發出的這些訊息，並非他的本意，它是發生在演講者毫無意識的情況下。

六、樹立正確的溝通理念

(1)如果想進行有效的溝通，必須避免以自己的職務、地位、身分爲基礎去進行溝通。你與他人有多少共同點，將決定你與他人溝通的程度。

「共同點」意味著雙方目標、價値、態度和興趣的共識，如果缺乏共識的感受，而只一味地努力溝通是徒勞無益的。經理人若只站在自己立場上，而不去考慮員工的利益、興趣，勢必增加與員工間的隔閡，反而替「溝通」製造了無法逾越的障礙。

此時應該向他人表示傾聽的誠意，即使不同意對方的觀點，也應該要試著聆聽。每個人都是身處在自己心理經驗的世界之中，對他人而言，他所經歷過的才是眞實，而不是你所說的就算數。

(2)在溝通過程中，請試著去適應別人的思維架構，並體會對方的看法。換而言之，不只是「替他著想」，更要能夠想像他的思路、體認他的世界、感受他的感覺。設身處地替對方著想，對溝通是很有幫助的，若能和別人一起思考、一同感受，則會有更大的收穫。

在這個過程中，你很可能會遇到「不同意所看到的和聽到的」的情況，可是，透過跳出自我立場而進入他人的心境，背後的目的是要瞭解他人，並不是要同意他人。一旦你能體會了他人如何分析事實、如何看待他自己，以及對方如何衡量你和他之間的關係，就能避免墜入「和自己說話」的不良溝通陷阱。

(3)身爲管理者，你的目標是要溝通，而不是要抬槓或耍嘴皮子。有效的溝通不是鬥勇鬥智，也不是辯論比賽。對接收者而言，溝通過程中發送者所扮演的角色是僕人，而不是主人。

如果說話的一方發覺聆聽者心不在焉或不以爲然時，就必須即時改變目前的溝通方式。接收者握有「要不要聽」和「要不要談」的決定權，你或許可以強制對方的溝通行爲，但是卻沒有辦法指揮對方的反應和態度。

菁英培訓版
MEMO

第五章

有效溝通、增進瞭解

- ♠有效溝通的技巧
- ♠明確溝通媒介，防止不良的溝通傾向
- ♠使組織內的溝通和交流暢通無阻
- ♠使溝通更加簡單和富有成效

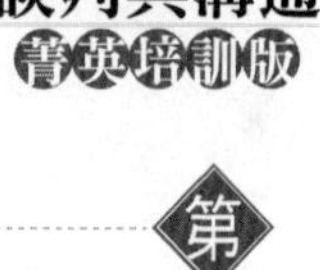

第一節 有效溝通的技巧

一、找到共同點，建立有效溝通的前提

☑形成同步

在實際的溝通中，彼此的認同是一種可以直達心靈深處的技巧，彼此認同又是溝通的動機之一。在「認同」的前提下，外在技巧和內在動機就是成功的重要助力。「認同」是經由雙方共同產生的共同意念。溝通關係都是從同步認同開始跨出第一步的，能達到認同的目的幾乎就是達到同步，這就形成了一個奇妙的過程：

同步＋認同＋同步。

毫無疑問，最後一個同步是在認同基礎上達成的共識和一致行動，相比前一個同步已經產生不同的結果。

首先必須了解，同步是溝通的第一步驟。同步就是溝通雙方彼此經過協調後所形成有意要達到同樣目標時所採取的相互呼應、步調一致的態度。它意味著「溝通」在經過彼此的默許和暗示之後，正走在通向順利的路上。

溝通雙方能夠相互以對方的角度看問題時，同步就開始形成了。於是，在彼此都急於尋找共同點的前提下，各種共同點綜合起來，溝通的可行性就大了。所以說，要溝通就得尋求同步。

下面介紹一些尋求同步的技巧，透過這些外在溝通技巧，再加上內在動機，使你達到溝通的目的。就像一個練就了好腳法的球員走上球場就能進球般勝券在握。

利用呼吸促進溝通——「呼吸」是最平凡不過的現象。與你溝通的人不可能沒有呼吸吧？呼吸是所有人不需尋找就具有的共同點，也就是說，沒有呼吸是不可能產生溝通的。那麼，能不能利用「呼吸」促進溝通效率呢？

心理分析導師皮科・嘉爾曼教授認爲：「同步的呼吸具有誘導性，它可以誘導溝通者的心靈發生感應，進而讓雙方的步調一致，能夠彼此配合。」

同步呼吸的方法有很多種，以下是經各方學者驗證最實用的方式：

(1)選擇最合理的空間位置，研究說明雙方保持九十度角時最能夠感應呼吸，所感受到對方的呼吸也是最全面性的。當然，根據環境不同，也可採取正面或者較遠處的位置，最極端的是從背面，這一般出現在背靠背的情侶之間，他和她可以透過身體的接觸而感應到對方的呼吸。

(2)觀察彼此的呼吸節奏，男人習慣用腹部呼吸，女人則是用胸部呼吸。

(3)當對方呼氣時，你也呼氣；對方吸氣時，你也吸氣，同時注意掌握呼吸的輕重緩急。

(4)由於說話時，呼氣比較多，你聽別人說話時，就得呼氣；反之，對方沉默吸氣時，你也跟著吸氣。

(5)自己開口說話時，言詞應盡可能配合對方的呼氣，吸氣則可以稍加忽略。

根據研究顯示，這個同步呼吸法最適用於對方感情和情緒變化激烈時。

保持視線同步——人爲什麼有兩個眼睛？這個問題一問，你會覺得好笑，可細想下來，似乎和「先有雞，還是先有蛋」一樣無法回答清楚。其實，人之所以有兩個眼睛，是造物主爲了教導人們「視線同步」時才能看到全面的問題。

「視線同步」在溝通過程中是不可或缺的，幾乎所有有關溝通技巧的研究都建議：「說話時要看著對方的眼睛。」這種「說話時看著對方眼睛」的做法就是追求「同步認同」的好方法。

注視別人的眼睛最起碼可以暗示對方：我對彼此的溝通是認真的。當你的視線投注在對方的眼裡，對方也會配合你的視線，你岔開視線時他也會跟著岔開視線。你眨眼睛時他也會跟著眨眼睛。做這些動作時，不要過分專注，要顯得自然，儘量讓對方相信你是注視著他的眼睛說話。

彼此的注視互相習慣之後，就可以讓注視時間長一些，對方就會對此感興趣，溝通自然就沒有障礙。當對方注視自己時，更應該盡力與對方配合，彼此就會對對方有好感。

另外，還要能跟隨對方的視線，隨著對方視線的方向而調整自己視線的方向。人們往往能夠憑藉面對著某一事物時的方向一致而不約而同地感應到共同點。

姿態的共同性——能夠在姿態上留心觀察是件有趣的事。姿態是不可忽視的交際溝通手段，而且不可不用。研究顯示，人體最常出現的姿態不過三十幾種，按人類總人口比例來分配，平均十幾億人才共有一個姿態。一個人每做一個動作，可能就有十幾億人和你做出同一個動作。

傾聽他人講話是溝通的必要條件，如果傾聽時能夠配合適當的姿態動作，他人一定會更有認同感。傾聽時，頻頻點頭的動作可以和對方的語言節奏一致。姿態和動作也漸漸變得相似時，表示溝通正在深入進行，越深入就會有越相似的認同感。這方面的鐵證就是，老夫妻由於長期配合溝通，在相貌上也會變得相似。

溝通時可以把身體主要部位的姿態和對方保持一致。如果對方小聲地說話，你也小聲回答。試想你大聲如獅子吼，他人不嚇一跳才怪呢。採取姿態的同步還可保護自己，因爲可以藉此動作蒙蔽對方的判斷力。研究更進一步指出：相似的相貌、相似身材的人，很容易成爲朋友。

各種速度都要契合——當你懂得配合對方呼吸、視線、姿態等等同步效應時，溝通就變得容易多了。但若要溝通變得更容易，還得配合「速度」，也可以說是「節奏感」。

溝通時的「速度」不是競賽，沒有冠軍也沒有最後一名的排名爭奪。溝通時雙方的節奏要能一致合拍，最簡單的例子就是他人唱歌時你在旁邊打拍子的節奏感。

此外，要根據他人說話的速度做出相同反應，他緩慢地說話時，你也要緩慢地點頭；他說話急速時，你就要迅速而立即地做出反應。

此外，要訓練自己的觀察力，只有敏銳的觀察力才能夠和他人的速度隨時配合。

☑尋找共同的感覺

要使溝通雙方都有「同感」，就是共同感覺。人是感覺動物，時時刻刻都被上千種信號所刺激。但是，這麼多信號爲什麼不會使我們手忙腳亂呢？這是由於人腦的處理功能很卓越，它只挑選最重要的感覺供我們判斷。

人的全部感覺被五種器官分享，分爲聽覺、視覺、觸覺、味覺、嗅覺。其中，只有味覺是由內在器官舌頭分享，其他幾種是外在的器官執行的。但是，嗅覺也可以說是內在，因爲鼻子總是端端正正擺在臉上，沒什麼動感。所以味覺和嗅覺是我們不容易觀察的，只有在極其特殊的場合能夠有同感。而視覺、聽覺、觸覺都是容易觀察的，所以很容易產生動感。每個人在感覺能力上都會有一個側重點，其中總有一種感覺比較出色。

一般來說，視覺優秀的人喜歡看，聽覺優秀的人則喜歡聽，觸覺優秀的人喜歡動。如此區分之後，你就可以經由觀察判斷，採取相應的配合措施，進而達到與他人有同感，有了同感就可以更加順暢地溝通。

☑投其所好

無論是在哪種場合下與人交際，總是可以透過很多管道瞭解到對方的喜好。對他人喜好之物表示興趣，就可以順利地達到同步。

投其所好並不容易，這個問題不適合主動挑起話題，更多的是要暗示，表明是不經意地和他人的興趣一致，會更令對方興奮。如果主動挑起話題，往往達不到互動的效果。

比如說一個喜歡寫詩的人，你若是主動問及他的興趣並和他大談特談寫詩，他可能很厭煩，因爲這方面他是專家，你的高談闊論在他看來一點價值都沒有。如果你是在無意中表示出興趣來，並讓他主導談論，如此一來，你們溝通就會很迅速地達到融洽狀態。不經意地表達出和別人一樣的興趣和愛好，會讓別人主動接近你，他們會在心裡產生共鳴：「啊！原來他也喜歡。」要投其所好最關鍵一點，是瞭解到他人真正的興趣，自己也得在這個興趣上有所表現，溝通時自然流露出來。

注意！投其所好的準則是：不經意地流露出相同興趣。

二、加強表達能力

☑簡單、明確是溝通的重要工具

比如上司要你報告前幾天的工作情況，你就不能像下面的員工這樣回答。

上司：「你去××公司談的狀況如何？」
員工：「前幾天我生病請假。」
上司：「什麼，你沒去？」
員工：「後來，我請小王去辦。」
上司：「他做得如何？」
員工：「他由於有事外出……」
上司：「還是沒人去？」
員工：「不，我硬撐著身體去××公司，也順利見到經理了。」
上司：「快說呀，怎麼辦？」
員工：「他不願接受我們的條件。」
上司：「啊！」
員工：「但是……」
上司：「別說了，你真是辦事不力。」
是的，如果你在重要的情況下還一再拐彎抹角，吊人胃口，只會落個被冠上辦事不力的下場。

☑語言文字的魔力

用對了字眼不僅能打動人心，同時更能表現行動力，而有效率的行動力往往可以發展為另一種截然不同的結果。

當我們所說的話用對了字眼就能叫人笑、治療人的心病、帶給人希望，然而若是用錯了字眼就會使人哭、刺傷人的心、讓人失望。同樣地，藉由所使用的「字眼」可以讓別人瞭解我們的想法。

馬克・吐溫說：「恰當地用字極具威力，每當我們用對了字眼……我們的精神和肉體都會有很大的轉變，那一刻就在電光石火之間。」

歷史上許多偉大人物就是因為善於運用對的字眼的力量，激勵了當時的群眾，而決心跟隨著這些偉大的人物的腳步進行改革。

用對了字眼不僅能打動人心，同時更能帶出行動力，而行動的結果便展現出另一種人生。當帕特里克・亨利站在十三州代表之前慷慨激昂地說道：「我不知道其他的人要怎麼做，但就我而言，不自由毋寧死。」這句話激發了幾代美國人的決心，誓言推翻長久以來的苛政，結果造成燎原之火，美利堅合眾國因此誕生。

第二次世界大戰期間，英國正處於風雨飄搖之際，有一個人的話激起了英國全民抵抗納粹的決心，結果英國人以無比的勇氣挺過了最艱苦的時刻，打破了希特勒部隊所向披靡的神話，那個人就是已故的英國政治家邱吉爾。

許多人都知道人類的歷史就是由那些具有威力的話所寫成的，然而卻鮮少有人知道那些偉人所擁有的語言力量卻也能夠在我們的身上找到，這能改變我們的情緒、振奮意志，乃至於有膽量敢於面對一切的挑戰，讓人生過得豐富多彩。

生活中時時選擇使用積極性的字眼，就能振奮人的情緒，反之，若是常常使用消極的字眼，必然容易陷入自暴自棄的境地。遺憾的是我們經常不留意所用的字眼，以致錯失唾手可得的大好機會。因此我們務必要重視使用字眼的重要性，這做起來並不難，只要你能留心即可。

我們在跟別人說話時用字常常十分謹慎，然而卻不留意自己習慣用的字眼，殊不知，我們所用的字眼會深深影響我們的情緒，也會影響我們的感受。因此，如果不能好好掌握如何用字，如果我們隨著以往的習慣繼續不慎重所用的字彙，就容易扭曲所歷經的事實。例如，當你要形容一件很了不起的成就時，用的字眼是「不錯的成就」，那對你的情緒就很難造成興奮的感覺，這全是因爲你用了具有侷限性的字眼所致。

一個人若是只擁有有限的辭彙，那麼他就只能體驗有限的情緒，反之若是他擁有豐富的辭彙，那就有如手中握著一個可以調出多種顏色的調色盤，可以盡情來揮灑人生經驗，不僅豐富自己的生活，也能讓旁人感受你的興奮之情。

在此我們再舉一個著名的例子，美國一家全國性的卡車服務公司，只不過改了一個字眼就大大地提升了工作品質。

那家公司的管理階層發現，他們所遞送的貨物中有千分之十會送錯地方，這使得公司每年得額外賠上二十五萬美元的損失，為此公司特別聘請了企管顧問戴明博士為公司做體檢。根據戴明博士的觀察，他發現這些送錯的案子中有五成是因為該公司的司機看錯送貨契約所致。為了能一勞永逸地消除這樣的錯誤，而使該公司能做好服務品質，戴明博士建議把這些工人或司機的頭銜改為「技術員」。

一開始公司覺得戴明博士的建議有些奇怪，難道更改職銜就能把問題解決？難道就做這麼一個簡單的動作便可以了？

沒有多久，戴明博士的建議產生了作用，當那些司機的頭銜改為技術員之後不到三十天，先前千分之十的送錯率一下子便下降到了千分之六以下，也就是說，從此那家公司一年可以節省十五萬美元。

這個例子說明了一個事實，字眼的轉換不管是用在個人身上或企業整體上，都會產生相同的效果。

☑注意聲調及表情

對外的溝通方式，是使你的理想被接受或滿足慾望的一種力量，爲的是要影響他人，接受你的見解。理想要被別人接受才能實現，否則很難達成。美國有一句名言：「你想改變世界，得先改變自己。」這不是要去討好人，而是要能接受改變，才有辦法適應，進而改變世界。

與外界的溝通，每個人都會認爲「我可以與人溝通」，事實上，溝通並不簡單，像許多的勞資糾紛、政府政策無法推行……等，都是溝通不良所造成的結果。

其實很多人溝通的方式，內容顯得不是很重要，根據行爲學家所做的實驗統計指出，內容的重要性只占七％，聲調、表情占三十％，身體語言則占了五十五％。

三、使指示明確具有意義

電影《業餘愛好者》中有這樣一幕：當莫札特的歌劇《費加羅的婚禮》首演結束後，奧地利國王來到幕後表示祝賀。他告訴莫札特說，「這部歌劇很精采，然而音樂太複雜了，音調太多了。」

莫札特反駁說，「使用的音調不多不少，正符合需要。」

國王還是堅持「音調太多」。他武斷地建議，如果減少一些音調，這部歌劇會變得更加偉大。

莫札特反唇相譏：「陛下，我應該減少哪些音調呢？」

國王去無法回答。

如果「指示」不但無法達成目的，反而使接受者無法理解、冒犯接受者，或者不能說服接受者，那麼「指示」就變得毫無意義了。

可是，現實生活中人們每天都在錯誤地傳達著毫無真正意義的指示。主管不時用書面形式或者口頭形式向部屬傳遞一些訊息，但是卻常常犯了過度高估這些訊息的價值。下面列出的是人們在商業活動中經常聽到或者發出的所謂「指示」：

「這個意見應該引起足夠重視。」

「先不去管它。」

「我們應該賣得更多一些。」

「就這麼做。」

「你們應該做得更好一些。」

「你們需要做更多的工作。」
「你搞懂了再回來找我。」
「我們要在這次交易中賺許多錢。」
「你們要弄清楚這個人究竟想要什麼。」
「竭盡全力，完成這個專案。」
「我不明白這件事，你說明一下。」

以上這些指示有哪些不適當的地方?這些「指示」的錯誤在於他們缺少有效指示的基本元素。所謂基本元素應該包括：

☑明確指示的原因

一道好的指示就像一篇任務說明，它明確地說明了特定的目的和原因。如果你叫某人來你辦公室（一種最常見的指示），目的不言自明：你想和他面對面地談話。然而，許多日常指示的原因都不明確，需要另外給予明確的解釋。

例如，你對部屬說：「竭盡全力完成這份建議書。」這個指示不會給部屬留下深刻的印象，它是一條非常含糊不清的指示，以致於無法促使接受者隨後真正執行。如果你在這句話前加上一句：「這份建議書是這一年中我們送給最重要客戶的最重要文件。」那麼，這就大大增強了你的指示的重要性。這樣一來，你就說明了指示的原因，促使接受指示者必須「首先」完成這項任務。

☑明確指示何時終止

一項好的指示不僅促使接受指示者開始行動，而且明確何時終止行動。比如對某人說「這份方案報告需要你再花些功夫」，就是一個語意不明的指示，因爲它沒有說明究竟需要花多長的時間。理論上而言，接受指示者可以一直不停地執行工作。

一項好的指示應該加上一句：「當你完成了企劃案，也經過了你們小組的討論後，再把它交給我。」

☑明確執行指示採取的方式

一個好的指示一般含有正確的行動手段和目的說明。如果你在公司裡說「注意一下這個問題」，或者「先不去管它」，部屬們不一定總能準確地理解你的意思。大多數人需要你說明他們每一步的工作內容。例如，當你請助理打電話給另外一家公司的經理時，你應該詳細告訴助理打電話的時間、對那名經理的助理該怎麼說話，他要談的主題和要迴避的主題等等相關他可能遭遇的問題。

奇怪的是，許多管理人員常常忘記或者沒有時間說明這些技術性細節。如果你僅僅告訴某人做某事，卻沒有告訴他該怎麼做這件事，結果他沒有按照你的內心想法去做，就不足為奇了。

☑明確指示的時間期限

一項好的指示應該明確規定時間期限。「我需要這份報告」就沒有「待會我就需要這份報告」表達得清楚，而後者又不如「五點鐘以前我需要它」來得更加明確。最好的指示總是明確地標出了時間。

☑明確指示執行的程度

一項好的指示明確規定了你應該完成到什麼程度，例如，你告訴朋友你家的地理位置：「過了右邊的教堂，離我家剛好一條街的距離。」在商場上，這就意味著明確了什麼是你能夠接受的，或者什麼是你不能夠接受的。

又例如，你告訴部屬說：「我們要在這次交易中賺許多錢」，就會引起疑問：「許多錢」究竟是多少錢呢？如果你沒有告訴部屬至少是五萬美元，那麼，當他們心滿意足地賺回三萬美元時，你只應該責怪自己了。

四、施加適當的壓力

☑施加壓力至對方的思維中

爲什麼人們打從心底願意和思路清晰的人打交道?因爲和思路清晰的人打交道，可以節省很多的力氣，也避免麻煩產生，精神壓力當然會比較低，訊息接受者不用動多少頭腦就可以透過順著他人的思路獲得最正確的訊息，因爲思路清晰的人其表達內容可以很容易被理解。

但是思路清晰的人也會產生溝通上的壓力，這類人會明顯地感覺到他人總是借用自己的思考邏輯獲得訊息的正確性，因此他也會有倦怠的感覺。爲避免他人的依附，可以利用「壓力法」，將壓力施加到對方的思維中。

人們時時刻刻感受到的刺激是千奇百種，經過大腦感覺處理後，依舊會有大量互相矛盾的訊息困擾我們的思維而形成壓力。現在我們要利用這樣的壓力作爲「溝通」的利器，而良好溝通技巧的運用其最終目的，也是爲了減輕壓力。

不妨讓困擾思維的壓力攪昏頭腦。當然，溝通就是爲了攪昏對方的頭腦，讓對方處於判斷的兩難選擇中，如此一來，他人爲了減輕壓力，會認同你的選擇，讓你在最短的時間就達到目的，這是因爲人在面臨兩難選擇時，思維容易混亂，無法做出最理性的判斷，因此喜歡走捷徑，也就是「迅速認同」。

美國倫德公司經理羅基亞尼有一次對人說：「在很多事情上，故意言語矛盾地下命令，可以很好地控制公司員工。」他經常上午下命令，下午又更改命令，讓員工摸不著頭緒，思維上的壓力遽增，因此重挫了員工的驕傲與自滿，使員工做起事來只能夠惟命是從，減少叛逆的反應。

但是，他也有被員工施加壓力而放棄自己立場的時候。有一次，他要求某個員工加班，員工就做出一副馬上要回家的樣子，但卻又認真地工作。他看著那股熱情的態度，自己的思考邏輯反而產生了混亂，只好讓這位員工回家。爲什麼？他說：「你忍心讓一個已經準備好要退場的球員還幫忙到處撿球嗎？他本來可以不必加班的。」

這個員工就巧秒地利用了「淌渾水」的技巧，也就是故意自相矛盾，使他人感受到來自自我責難的壓力，讓別人對你的判斷無法延續。當人頭腦不清晰，感到混亂不堪時，就很容易接受妥協。

小小的一個動作，不必說任何的話也能讓人產生摸不著頭緒的懷疑態度，例如在自己的桌上擺一本與自己毫不相干的書或雜誌，就可以輕易讓經過你辦公桌旁的人產生「你是個捉摸不透的人」的錯覺。

☑中斷對方的思緒

這個技巧講究的也是施加思維壓力，也就是「思緒中斷法」。「中斷對方思緒」，就如同把一條溝渠突然挖斷，改變水的流向，讓水能流向自己。人的思緒也好比是一條溝渠，如果突然被中斷，應該發生的事沒有發生，他人就會陷入落空的茫然中，趁他沒來得及想出應對辦法而倍感思維壓力的時候，立刻提出自己原來就已經預謀好的事。他人爲了減輕壓力，很容易就順著你的思緒走，而你會因爲對方的順勢思維而達到自己的溝通目的。

在溝通過程中，使用中斷法的時機非常多，因爲人們很容易產生選擇茫然的壓力。比如說：在會議之中，當主持人正下結論時，你突然打斷會議進行，提出自己的建議，你的建議在此時就會更顯突出而讓人印象深刻。

☑讓他人主動依照你的思路行事

也就是讓對方持續地感受著某種狀態，進而讓他倍感疲憊的思維壓力，主動放棄反抗情緒，承認現狀，並依照你的思路行事。比如，足球隊教練整天讓球員練頭球，連續幾週之後，球員們就會累得筋疲力盡，就會要求換個訓練方法，這時，你讓球員去練平時他們不願練習的小跑步，他們也會甘之如飴。

☑具有建設性的施加壓力

在現代生活中，來自感情的壓力最多，對感情「施加壓力」也最容易做到。因爲基本上，「感情」就是「內心」的外形。人的頭腦渾沌不清，還可以靠思緒理清頭緒，要是心裡不舒服，那就非茫然失措不可。給人心施加壓力，令其不安，可以讓溝通的主動權掌握在自己手中。

在某些特殊場合，當你需要對人心施加壓力時，就應該創造出施加壓力的條件，還可以趁機營造一些極端效果，以達到施加壓力的目的。比如激怒他人、把他人逼哭，或者把他人逗笑，或者讓他人發愁。

當然，給人心施加壓力最具有建設性的技巧應該是使他人愉快。愉快怎麼也是壓力呢？一點都不奇怪，因爲當對方被你導引出愉快的情緒時，他心中產生的情感壓力是：覺得欠了你什麼似的。溝通就意味著和你在感情上的水平對等。

第二節 明確溝通媒介，防止不良的溝通傾向

一、使用正式溝通的媒介

一個組織成員向另一個成員傳遞出的口頭指示、備忘錄和信件等，是最常見的訊息溝通媒介。我們可以把幾種特殊的書面媒介和普通的備忘錄或信件的特性區分開來。

首先，在組織中具有所謂「文件流轉」的特性：一份文件從組織的某個地方流向另一個地方，並在後者受到後續處理。其次，組織中還存在著紀錄、檔案和正式報告。最後，組織中還有關於組織例常工作及流程的手冊。

☑口頭聯絡

組織綱領所規定的口頭訊息溝通制度，一般僅限於比較小的訊息範圍。就一定程度上而言，正式權威體制包含著假定狀況，即口頭聯絡主要發生在一個人和他的直屬上下級人員之間，但這不是他們之間惟一的訊息溝通管道。

在一定程度上，正式組織還限制了向上溝通的便利性。除了直接部屬之外，下級人員要想接近處於組織上層的人，想利用口頭聯繫方式傳達是相當不容易做到的。在企業組織裡，雖然不像軍事組織般正式和嚴格，即使行政組織採取「開放」式溝通的政策，其易於接近的程度也受到了非正式的社會壓力和私人祕書制的限制。

空間上的接近程度，可能是口頭聯絡頻繁程度的一個非常現實的條件。正因爲如此，辦公室佈局成爲訊息溝通系統的重要決定因素之一。就連電話的問世，也未能大大降低這個因素的重要性，因爲電話交談絕不等於面對面接觸。

☑備忘錄和信件

備忘錄和信件受到正式規定的控制，往往比口頭聯絡所受到的限制更多；較具規模的組織尤其如此。有些組織實際上要求一切書面訊息必須經由權威鍊控制才能傳佈，不過，這樣的做法並不普遍。

較常見的做法是：訊息沿權威鍊的傳遞不得省略任何一個層級，也就是說，同一部門卻兩個不同單位的人員如果想做書面聯繫，其中一人必須先將訊息交給其所在單位主管，這個單位主管可繞過部門主管，將訊息轉交給另一人所屬單位的主管，然後由後者轉交給訊息傳遞的最終對象。

不過，除了命令下達之外，大多數組織對此傳遞流程未做嚴格要求，更經常的做法是建立一些「審批」的規則，要求越級傳遞的訊息能流向規定的軌道。

☑文件流轉

文件流轉是某些特定組織處理財務的典型方式，如保險公司、企業會計部門、金融中心等。在這種情況下，組織的業務工作（或其部分工作）是以文件處理爲中心而展開的。例如人壽保險公司，就包含接受申請單、審查申請單、予以批准或拒絕、發行保險、給投保人開列保險費、計算保險費、支付保險賠償費等流程。與個人保險單有關的文件，是該組織業務工作的核心，這些文件從組織的某部門或單位轉移到另一處，爲的是後續能執行各種工作，如審查申請單、紀錄投保人的變化、批准支付賠償費等。

隨著文件的傳遞，採取必要管理措施所需的（有關保險單的）所有訊息也會隨之傳遞。爲採取一定的工作而傳遞的文件，總是要靠人去處理的；在文件傳遞到達處的人，一般均具備有該公司規定的知識，也就是爲了處理文件而必須具備有關保險單訊息方面的規章知識。

由於有了文件，就使得來自各單位現場有關投保人情況的訊息，和來自組織總部有關公司規章及義務的訊息得以結合。因此，對這種情況來說，「訊息結合」就是透過文件的傳遞，靠把單位現場獲得的訊息傳遞到組織總部而實現。

對其他一些情形來說，訊息的組合可能是透過指示、手冊之類文件的傳遞，將組織總部的訊息傳遞到單位現場而實現的。

☑紀錄和報告

對任何組織來說，紀錄和報告差不多都是正式訊息溝通系統一個不可或缺的部分。在利用信件和備忘錄進行訊息溝通時，人們必須做出需要傳遞的決定，而且要決定傳遞的訊息有哪些。

紀錄和報告則與此不同，它們的獨特性質在於，報告者和記錄者知道該在什麼時候寫報告或紀錄（是否定期寫？還是發生具體事件時才寫），報告或紀錄中要包括哪些訊息呢？這點非常重要，因爲這這些訊息內容在很大程度上，減輕了各個組織成員所面臨的重要而困難的任務：決定他所擁有的哪些訊息應當傳遞給其他成員，以及應當採取什麼動作。

☑手冊

手冊的作用，是組織把那些打算長期應用的慣例告知組織成員。如果沒有手冊，長久性的政策就只能留在組織中較老成員的心裡，對組織工作不會產生影響力及約束力。

手冊的準備和修改，爲隨時更新和確定組織成員對組織的結構和政策是否有一個共同的理解。無論是在新員工培訓期使用手冊，還是在其他時間單獨使用手冊，其重要用途都是要讓新成員瞭解組織的政策。

手冊的準備和使用，有一個幾乎是必然產生的結果，那就是它加強了決策集中化。擬定手冊的人出於對組織「完善」、「統一」的考量，差不多總是要把以前交給個人自己決定的事情，全部納入手冊中，並且能將同組織的政策全都聯繫爲整體的訊息。這絕不是完全有益的，因爲除非「完善」和「統一」是協調的要求，否則手冊對組織而言，就沒有特殊的存在價值。

二、利用「非正式訊息溝通」補充正式溝通管道

無論組織所建立的「正式訊息溝通系統」是多麼精致，它總會需要「非正式訊息溝通」管道的補充說明。經過這些非正式管道的訊息，包含情報、建議，甚至還有命令，真實的人際關係系統最終會變得與正式組織綱領上的規定大爲不同。

非正式的訊息溝通系統，是圍繞組織成員間的社會關係而建立起來的。兩人之間

的友情，會造成他們頻繁來往和「工作時間閒談」的現象。此外，如果其中一人接受了另一人的引導，那就產生了一種權威關係，形成所謂的「天然領導者」，並在組織當中贏得地位，而這方面的關係又不是總能在組織結構圖上得到認同。

如果組織中的個人行爲直接指向組織目標，並且在一定程度上代表個人目標，而這兩類目標又不總是彼此一致的，那麼我們就會認識到，非正式的訊息溝通系統還具有更進一步的重要意義。

當組織成員彼此接觸時，每個人都必須評估對方個人動機（而不是組織動機）會對其態度和行動而增加的限制條件。當他們之間已經建立起基本關係時，雙方就易於進行這種估價，也易於相互坦露動機了。在這種情況下，若請求對方給予協助一般也不會碰上這樣的釘子：「你和我不同部門，我沒有義務要幫你。」

組織成員有時會借助非正式訊息溝通系統去實現自己的個人目的，於是產生了「宗派現象」，一夥人形成一個非正式的訊息溝通網，並用以保障這夥人在組織中的權力。宗派之爭又會導致社會關係的普遍不友好，破壞非正式訊息溝通系統的效益。

關於正式組織助長或防止宗派形成的作用方式，以及經理人和行政主管們可用以對付宗派、減少其危害的方法，至今尚未做過多少系統的分析，但我們瞭解到，正式訊息溝通系統發揮的影響力若較弱小，無法通過該系統保證妥善的協調措施，那麼宗派的發展就會得到助長，在這種情況下，這種宗派對組織協調產生的作用，與美國這樣高度分權的政府結構中的政治機器所擔任的協調作用，二者是非常相似的。

任何組織裡的大量非正式訊息溝通都遠遠不如宗派活動那樣富有目的性，甚至也不如經理和行政主管們在午宴上的交談般有那麼多弦外之音。另外，還有更大量訊息溝通是存在於「流言」的名義下，對大多數組織來說，這些「小道消息」卻總是頗有建設性的作用，不過，它的主要缺點在於：第一，有洩漏祕密的可能。第二，它所傳播的消息往往不確切。但另一方面，非正式訊息除了能傳遞那些誰也不想正式傳遞的訊息之外，也能作爲組織中「輿論」的代名詞，也是有其存在價值的。

管理者聽聽小道消息，可從中瞭解到組織成員關心哪些事情、對哪些事情抱持什麼態度等等，當然，即使具有上述最後的用途，也需要以其他訊息管道來補充證實。

三、重視訊息向組織上層的傳遞

個人動機對非正式訊息溝通系統的發展，可能有著相當大的影響，尤其是個人也可能會發展出這種系統的行爲模式，作爲加強他們在組織中的權力和影響的手段。

個人動機對正式的和非正式的訊息溝通，還有另外一種影響方式：訊息不會從其產生處自動地轉移到組織其他地方，首先獲得訊息的人對它進行傳遞後，訊息才得以流通。此人在傳遞訊息的時候自然會瞭解到，傳遞該訊息對他會產生什麼後果。他如果知道主管會因爲這項消息的流傳而火冒三丈，那麼他可能不會讓訊息散發出去。

因此，訊息向組織上層的傳遞，看來僅僅發生在以下三個條件下：

(1)訊息傳遞不會給傳遞者帶來負面的後果。

(2)上級總會從其他管道獲知那條訊息，還是先告訴他爲好。

(3)上級同他本身的上司溝通時需要那些訊息，否則他會因爲不知道那些訊息而被上司責備。

此外，有些訊息之所以經常傳遞不到組織上層，無非是因爲下級人員無法確切瞭解上級決策過程中，所需要的訊息究竟有哪些。

由此可見，管理層級系統中，上層重大的訊息溝通問題在於，與上層決策有關的很多訊息是產生在較低層次的，而且，除非上層管理者特別敏感，否則訊息根本無法傳遞到上層。正如前面指出的，正式紀錄和報告制度的一個重要作用，就是把向上傳遞哪些訊息的決定權，從下級轉移到上級。

四、掌握對話的原則，避免易犯的錯誤

在社會的各個層面，都有通過對話達到相互理解的強烈需要，其中尤以商界爲最。商業場合有很多因素，如組織結構優化、企業戰略聯盟、激發員工主觀能動性、以客戶爲中心等等匯集在一起，強化了「對話」的必要。

☑「對話」的原則

「對話」是種很嚴格的討論方式，對參與者有嚴格的紀律要求，如果不遵守這些紀律，就無法從成功的對話中獲益。如果是一段很有技巧性的對話，結果可能非同一般。它會消除長期的偏見、克服不信任感、取得全新認識、發現新的共同點、增強群體的凝聚力等等。

對話和一般的討論之所以截然不同，在於它有三個鮮明特徵。對話是相互平等、互不強求，真正的對話中不存在對話各方的較勁，不存在級別高低的影響，觀點不同也不會有絲毫的懲罰，總之沒有任何形式的強人所難。

(1)相互平等：「對話」之所以是對話，正在於對話各方已經彼此建立了信任感，層級高的人也會放下身段，雙方平等地進行交流。在形成了相互坦誠的心態後，各方

才能以平等的身分，推心置腹地展開交流。

(2)推己及人，認真傾聽：推己及人是一種通曉他人思想感情的能力，在對話中不可或缺。討論中的參與者可以不產生共鳴，但這只不過是討論而已，算不上對話。表達自己的思想很容易，設身處地地回應他人的不同觀點卻相當困難。因此，討論比對話更加常見。

(3)表明觀點，開誠佈公：談話中別人可能會與你奉若神明的觀念產生衝擊，要想在對方提出敏感話題後，穩若泰山、不急不躁、坦然應答，確實需要一番練習的，更需要掌握進退的分寸。在對話中，人們可以互相提出觀點，展開有效討論。

以上三個特徵，缺乏任意一個或者一個以上，對話就會變成一般的討論或者其他形式的交流。

☑避免易犯的錯誤

對話者經常會犯一些錯誤，而正是因爲這些錯誤的存在，讓彼此的對話可能充滿了衝突的關係。但是，倘若你能夠及時發覺這些錯誤，學會減輕其影響，那麼在對話的過程中就會倍感輕鬆。

(1)顧慮重重：人們有所顧慮的原因千奇百怪，最普遍的原因是未能建立信任。因爲對話的形式相當開放，這中間更涉及到一些自我暴露的問題。一旦人們感覺到對話者中存在絲毫的敵意，或者感覺到有可能出現難堪的場面，人們就會產生顧慮。

在一些較爲深刻的話題上，人們更容易接受和個人經歷及記憶相關聯的交流。如能激發這種感覺，則有助於直接切入正題，而且會使交流者如沐春風。與此同時，人們都不希望一下子和陌生人(甚至同事)的關係太近。對話者希望能夠在利用這些感覺的同時，不讓自己有被一覽無遺的感覺。

(2)過早付諸行動：「匆匆開始行動」也是比較常見的錯誤。在討論中，常常會出現這樣的情況：一旦某個問題被提出來，一定會有人問：「那我們怎麼處理？」此時，關於這個問題的對話就會戛然而止，取而代之的是紛亂的觀點、爭吵和草率行事。

對話切忌過早行動的傾向。它彷彿像電線短路一樣，中斷了深入其他對話者的思想、感情和觀點的過程，無法爲成熟的決策奠定基礎。如果對話中有人要迫不及待地付諸行動，此時能稍微停頓一下很管用，對話方應自問是否需要進一步對話。所以，如果有人提出「我們怎麼解決這個問題」時，可以這樣答覆：「還沒有到解決的時候，我們稍等片刻。」這種回應方法通常能夠克服對話者急於行動的情緒。

(3)聽而不聞：另外一個常見問題是，當一方表述不清時，另一方不願意再花工夫瞭解他到底在說什麼。大多數人，特別是面對矛盾的時候，不習慣於找最確切的話來表述自己的感情，這時候需要有耐心，做到推己及人，認真傾聽。

避免這個錯誤的一個有用技巧是，對話者可以把他所聽到的話用別的方式重新敘述一遍。聽到別人重新闡釋自己的話時，原發言者就能夠相應做出一些糾正和補充。在良性的對話中，對話者常常會說：「對，我就是這個意思。」或者「這只是一方面，但我想補充幾點⋯⋯」對話中如能保證相互之間的正確理解，能夠讓對話者感到溫暖、親切和受到尊重。

(4)出發點不一致：這是對話中最複雜、棘手的錯誤之一。一般情況下，對話者都有些先入為主的見解。而在對話過程中，這些觀點才會得到修正。但是，如果某個問題一方已經考慮了很多年，另一方才考慮幾分鐘，那麼能讓雙方都達成默契實在不容易。出現這種交流的鴻溝時，如果只是由於雙方對某些問題的認識有深有淺，那麼問題就相對容易解決。在對話前，雙方先進行一些介紹，則會改善彼此觀念落差的問題。

五、使傳遞出的訊息及時被對方接收和領會

任何形式的交往活動，至少有兩個方面：「傳遞訊息的一方」和「接收訊息的一

方」。可惜的是，雙方的「波幅」常常不同，一方接收的訊息有可能不是另一方傳出的訊息，原因很簡單，任何交際活動的訊息傳遞方和接收方之間存在著多種因素，導致訊息被歪曲，無法被準確接收，進而形成接收方對傳遞方的錯誤理解。怎樣才能儘量避免這種誤解呢？

☑訊息傳遞一定要清晰

通常人們認爲軍事訊息傳遞最爲準確，這是商業訊息交流應該學習的。在激烈的戰爭中，軍事人員通過並非絕對嚴密可靠的電子設備互通情況，準確地接收、理解訊息，人的生命危若累卵，軍事通訊更可能隨時中斷或者被損壞，沒有什麼理所當然的事情，每條訊息都必須加以仔細分析、辨認和理解。

在這裡，傳遞訊息不需要以富有詩意或者抒情的方式進行，這種方式的訊息傳遞反而是浪費時間。而組織的人們往往忽視了這個問題，因此訊息傳遞一定要響亮而清晰。

許多經理人錯誤地認爲，在工作中他們說出的話和部屬聽到的話之間毫無偏差。如果他們提出要求或者發佈命令，他們就認爲部屬能夠準確理解他們的本意。他們從來沒有仔細考慮過，究竟該如何才能準確地傳遞訊息。

這些經理人可以做以下實驗：當你下次再請部屬或者同事爲你做某件事的時候，

在他們走出辦公室之前，先讓他們「說說你對我的話是怎樣理解的」，你會驚訝地發現他們的回答是怎樣曲解你的本意。在工作場所，訊息傳遞不準確，是非常不應該的。

☑制定行動計劃

麥考梅克公司的總裁在一次商務會議上，遇見了至少三十名決策性的人物想和他們公司合作做生意。他知道一下子有了這麼多的新關係，他很難及時對每一個人的提問和要求做出正確的答覆。他也知道，一旦他回到家，又可能將這些關係丟到腦後，忙於處理其他更迫切事務。於是，他決定記錄會議中的所有情況。

他詳細描述了他接觸過的每個人的情況：從他們給他留下的個人印象到他們的工作頭銜、公司地址以及他們對我的公司感興趣的原因。

這樣，這位總裁就開始了以前從未做過的事情：每次和一個人交往結束後，他就寫一份《行動計劃》——內容包括下一步從公司派哪些人和這些重要人物打交道，怎樣打交道、談論什麼問題等。最後，他還確定了要「滿載而歸」的期限。

制定《行動計劃》的確是一件值得效仿的新鮮事，而且它抨擊了商業交往活動中的一個重大錯誤——如果訊息無法準確傳遞是最大的錯誤，那麼，「光說不行動」就是第二大錯誤了。

至於你喜歡採用哪種交流方式，無論是公文、書信、電話、演講還是電子郵件都不要緊，但是，如果每次交往活動結束後，你無法及時清楚地列出下一步的行動計劃，那麼你就沒有完成真正意義上的交往活動。公文、書信、電話或者電子郵件也都毫無意義。

☑關注不同的聲音

你有過這樣的經歷嗎?在一次會議上，老闆說出了一件錯誤的事情，或者根據錯誤的訊息做出了一個錯誤的結論，然而卻沒人提出反對意見。

這種沉默是人際交往中的一大錯誤。沒人開口對你說「不」，不等於人人完全同意你的看法和主張。

部屬當面反對老闆的意見和主張是需要極大的勇氣。部屬不向你報告真實情況是最令人擔心的，因爲你最需要的建議就是真實情況的呈現。每當聽不到任何不同的聲音時，你就要特別小心謹慎，這意味著你需要與部屬進行更多的交流和溝通。

☑公開坦誠的爭論是最理想的

對別人提出反對意見的正確態度應該是：有人反對你的觀點，並不意味著他們一定反對你這個人。

在工作場所中，人與人之間因爲工作問題而發生激烈爭論，常常導致相互誤解，關係破裂。所以許多人迴避爭論，忽視了爭論的價值。

在公司的工作會議上，高級管理人員自由爭論，不應該影響相互的關係。在爭論問題的時候，大家說話的嗓門大、氣氛熱烈，甚至有些嘈雜，這並不意味著大家互不尊重，或者以後再也不願共進晚餐。這種公開坦誠的爭論是最理想的。如果你們的工作會議不是這樣，那麼你們的交流溝通就不理想，需要改善。

☑選擇交流媒介要因人而定

有時候，溝通的最大錯誤，是我們選擇了錯誤的交流媒介。

例如，有位經理，調派在國外辦事處工作，他從不寫信也不發傳真，但他喜歡打電話。電話是他進行交流的首選媒介。所以，員工若寫信給他，將不會得到他的任何回應。若選擇打電話，你才會如願以償得到他的回覆。

另外有一位經理有「閱讀障礙」，他很難讀得懂長篇書信或傳真，可是他很能幹，聽與說的能力非常強。要和他交流時，就一定要採取談話的方式。如果採用「寫」的方式，他只能讀懂隻言片語，而且究竟是哪些隻言片語他才懂？一般員工是無從知道的。

如果對溝通對象接受訊息的特點稍加考慮，那我們的訊息傳遞就會準確得多，所以選擇交流媒介要因人而定。

MEMO

第六章

化解矛盾，讓別人願意與你合作

- ♠輕鬆自由地溝通，取得員工的支援
- ♠積極緩和與部屬的矛盾
- ♠把自己塑造成一個與人愉快合作的經理

第一節 輕鬆自由地溝通，取得員工的支援

一、現代管理就是意見溝通的世界

現代的管理講究「團體的智慧」。如果不進行溝通，那麼勢必造成各自爲政的局面。好比幾個人同時拉車，如果他們各自拉向不同的方向，那麼即使每個人都使出九牛二虎之力，也無法使車前進一步。有效的會議是現行的領導成員之間溝通的最佳方式。作爲管理者，必須懂得如何去進行溝通的。

☑上情下達——上級與下級的意見溝通

英國某家公司，大約有一千七百名員工。從它現在賺取的可觀的利潤來看，它表面上並無衰敗跡象，但是有人認爲該公司「自處於一個愚人的樂園中」，因爲它在管理上有許多不妥之處，會毀掉這個企業。主要的原因是組織結構和人際關係的問題。

首先，這個公司的組織機構極端混亂。幾個部門的管理人員各行其事，誰都可以直接向零售商店的經理下達命令。由於公司的經理從未對他們的督促檢查職權範圍做出明確的規定，實際上等於默認了他們的做法，讓他們對自己的行動擁有完全的權威，而且可以在不與其他管理人員磋商的情況下自行決定。在這些管理人員之間，似乎從來就沒有建立起正式的互相溝通的方式。這樣就使零售商店同時有幾個頂頭上司，而對於他們各不相同的指令往往無所適從。

另一方面的問題是，董事會和員工之間存在著一條很深的鴻溝。但可悲的是，這個公司卻一向以和員工們有良好的關係而自豪。的確，這個公司的福利事業規畫得不錯，這大概是使它自以爲是的原因。但實際上，員工們的積極性卻在不斷下降，不時有人被淘汰，而招收新員工也不容易，董事會卻對此感到莫名其妙。

現在，雖然董事會自我感覺還好，但觀察家一眼就看出這個公司董事會與員工們之間的裂痕，這裂痕首先是由雙方的互相不信任引起的。董事會對員工表示懷疑而且不理睬他們的需求。

現在員工們追求的是責任和前途，並不是安全感。而零售業務方面出現的一系列技術，恰好可以爲員工們提供滿足的機會，但董事會卻不予理睬。更糟糕的是，在制定新計劃和對來自基層的情況和建議進行研究時，卻不鼓勵員工參加。董事會從未與員工們進行過磋商，也從不徵求他們的意見，並且認爲上級向下級徵求意見是不光彩的事。在此領導之下，只有上情下達，而無下情上達：既不尋求下級的幫助，又不接受下級的批評。

董事會對工會更是抱懷疑態度，雙方關係非常緊張。反過來，董事會在基層人員心中也沒有什麼威信了。這種公司是很危險的，現在看去似乎還相安無事，但過若干年後就難以預料了。

這個公司在「溝通」方面幾乎沒有什麼經驗，它既缺乏領導成員之間的意見溝通，又缺乏領導人與部屬之間的意見溝通，尤其是後者影響更大。現代管理者的主要素質之一就是具有有效交流的能力。應該知道管理的任務不只限於發號施令，而要在員工都瞭解企業情況的基礎上建立相互友好的氣氛。在這種氣氛中，既可做到上情下達，也可以做到下情上達。

員工對經營的目標究竟是否關心，是個重要的問題。每一位管理者必須能把目標傳達給部屬。缺乏與部屬交往的領導人，會變得毫無效力，不能協調必要的部屬工作。

☑及時反饋部屬的意見

如果說將目標傳達給部屬上情下達，那麼下情上達就是它的一個反饋。這個反饋就是部屬對目標、計劃的意見和建議。管理者應善於接受這個反饋。因爲它對於制定更合理的經營目標無疑是具有極大參考價值的。

溝通的另一個方面，是管理者應對部屬的行爲做出及時的反應。無論是獎勵還是懲罰，都不能等到事過境遷之後才實行。應讓部屬感到你是時刻關注他的，進而提高生產積極性，更加忠誠地爲實現企業的目標而努力工作。這也是促進企業目的實現的手段之一。

有效的管理必須把組織的目標與個人的目標協調一致，而溝通則是協調的一大幫助。如果一個人感覺到：「我的工作是被准許的，爲別人所接受的，而且別人都極力協助我做好工作，以滿足我的需要。」那麼，他所說的就是他與同事們的支援關係。

人都處於一定的團體之中，不僅他的思想、行爲是受團體影響的，而且他工作的成敗也是受團體中其他成員的支援與否而制約和影響的。成員間的支援關係是很重要的，一個人如果無法獲得其他成員的支援，他的工作就會困難重重。

☑促進團體內部的溝通協調

在一個有支援關係的團體中，人們之間平等相待、和睦相處、互相信任、互相協作。在這裡，人們奉行著「我助人人，人人助我」的準則，沒有「各人自掃門前雪，莫管他人瓦上霜」的冷漠關係。在這樣的團體中，人人都會有一種滿足感，當他明白這種滿足感是別人給予他的時候，他也會儘量主動去滿足別人的需要。在生活中，我們常會看到一種可笑的情況：甲對乙大發雷霆，而乙又對丙遷怒，如此遷怒不止，形成敵對的累積；支援也具有這種累積性質，當一個人瞭解到別人對他支援，於是，他也會對團體內的其他人有支援的趨向。這種支援的累積可以使一個團體內部更加團結一致、攜手共進。

看來，支援關係對團體的生存有重大的意義。首先，可以促使人們互相學習，取他人之長補己之短。其次，使團體中的人有一種「同舟共濟」之感。他們在這樣的團體中能充分發揮自己的聰明才智，任何人都不會有「爲他人作嫁衣裳」之感。大家對團體的目標視爲「共同的利益」，他們只有共同努力，互相協助，才能維護這個「共同利益」，其次，和諧的關係可以產生優良的工作成績。

目標是協調的基礎，目標的設置和達成會使團體內的成員產生一種向心力，例如：一個團體在完成任務時，達到了所期望的高效率，這似乎對成員的身價有所幫助。一般來說，那些由於自己工作有成效而被人另眼相看的團體中的成員，他們會因爲自己是該團體中的一分子而倍感自豪。那些經過共同努力而達到目標的團體，它的內部會更團結一致，產生更強的向心力。而它的「團結一致」對下一個目標的實現又會產生更大的動力。成員間的相互支援、協作，爲目標的實現提供了決定性的條件。

管理者要作好協調工作，就應先經由各種管道讓本企業內部關係和睦，建立友好親切的人際關係氣氛。至於透過什麼管道，使用什麼方法，那就需要根據本組織的特點，因地制宜了。

二、扮好「溝通樞紐」的角色

當然，從低階管理人到中階管理者本身，也應該負起相當程度的溝通角色和責任，不可認爲事不關己。如果，你是一位經理人，除了要和部屬、同事溝通之外，你也需要經常和那些職級比你高的經理進行溝通。

你知道如何和上級經理們進行有效的溝通嗎？這裡提供給你十個建議，如果能確實遵行的話，你的溝通功夫一定能更加爐火純青。以下就是快速提高你溝通能力的十個技巧：

(1)隨時讓老闆明瞭情況，特別是在事態剛萌芽的時候。

(2)切忌報喜不報憂，有不利消息就立刻報告。

(3)問題十萬火急時，趕快敲定時間和老闆見面的時間。

(4)提供重大消息，最好有書面資料或掌握必要的證據。

(5)提出你的觀點、建議時，不妨簡明扼要。

(6)對你提出的建議或決策有相當把握時，表現出信心十足的模樣。

(7)提出問題，同時也提出解答。

(8)切忌越級呈報，不能刻意繞過直屬上司。

(9)雙方意見相左時，先認同主管，再表達自己的意見，請教上司。

(10)意見相同時，歸功於上司的英明領導。

至於，當你必須向下用口頭傳遞你的指令或命令時，如何溝通才能贏得同事的支援和合作呢？建議你可以根據以下七個技巧來和屬下進行溝通：

(1)下達命令，最好一次一個爲原則。

(2)下達指令，要循正常管道。

(3)態度和藹，語氣自然親切。

(4)談話要清楚、簡單、明確。

(5)不要認爲部屬理解你說的話，如有可能，請他再敘述一遍。

(6)如有必要，可以親自示範給他看。

(7)最好詳加說明細節內容。

身爲組織中的一員，任何人都無可避免地會和其他人，在向上、向下、橫向、斜向等各種管道之中，不斷的和別人溝通、溝通、再溝通。如果你是一位經理人的話，你在溝通管道中扮演著「樞紐」的角色，更是上司和部屬之間的「橋梁」。記住，你的角色非常的重要，你溝通的技巧越好，你和你的組織就會更好更棒、更成功；反之則否。總之，溝通是不分地位、不分等級和類別的，是全員的責任。

三、懂得用「身體語言溝通」的技巧

權力是帶有強制性手段，但是在掌權時切忌失去理智是企業經理人必須牢記的要點。美國管理學家卡特・本雅克說：「永遠做一個理智型的掌權者，才能長久地掌握權力的時間。」因此企業經理要掌好權力，必須學會控制自己、掌握自己，針對部屬的個性適法行權，這樣才能做到行之有效。

傲慢型的經理要改變形象，必須多和部屬溝通，讓部屬知道你並不像他想像中的那麼傲慢，不容易接近。在這個重視溝通的時代裡，一位好經理人最需要磨煉的溝通技巧是什麼呢？答案應該是：善用身體語言表達自我、洞悉對方。

「溝通」也許是管理類書籍裡最常用的一個詞，但也是企業經理們最需改進的工作。一項研究顯示出，人們多半要花上百分之百的時間，用在說話、傾聽、閱讀或書面表達等意見溝通行爲上。但這只是口頭溝通和書面溝通而已！像其他舉止，眼神、手勢、面部表情等，也算得上是一種意見溝通的方法，我們稱之爲「無聲的溝通」。

改進有聲語言和書面溝通的能力固然重要，但是，工商企業經理人在溝通上面臨的最大挑戰，不是在於如何說的更好，而在於如何從互動過程中，真正抓住對方內心的真意。

你想做一位好經理的話，現在最迫切要學習的是如何解讀身體語言、掌握身體語言、以及活用身體語言，而非說話技巧。簡單地說，懂得解讀身體語言，你將會在溝通時驚奇地發現：「噢！原來你的真正想法是……」「啊！你擔憂的不是這個，而是關心……」並洞悉對方真正的想法，做好溝通工作。

有證據顯示：人類平均一天只說十一分鐘的話，其餘九十九%的時間，都在和他人進行身體語言的「無聲的溝通」。在社交場合的談話中，大概只有三分之一的訊息是靠語言在傳遞，其餘三分之二是經由無聲的身體語言傳遞。至於在較正式的工作溝通時，身體語言的表達至少也不會低於五十%的比例。總之，重視口語溝通之外，更要懂得用身體語言溝通的技巧。

溝通訓練專家德魯克在《溝通藝術》一書中，明確指出了身體語言散發的訊息，也是溝通成功的關鍵因素：「要達到良好的有效溝通，除了要具備說話的技巧之外，眼神、個性、人緣，還有你夠不夠坦誠，都是基本的要素。」

因此，當你和別人溝通時，千萬要留意自己的身體語言。否則，就算你口頭已傳達了正確的訊息，也無法將自己所要傳達的訊息全部準確送出。身體語言有強化口語說服力的功能。懂得如何利用肢體的輔助，進一步表現你更真切的情意，將使你的溝通技巧更上一層樓。

當然，一位優秀的經理人會在溝通時，相當注意對方的眼神、手勢，熟悉他們的神態與動作。通過仔細的觀察，並加以解析對方心中的真實想法，如果做不到的話，還是很難達到真正溝通效果的。

一位經理人因溝通能力不足所遭遇的麻煩和欠缺其他能力所遭遇的麻煩會一樣多，甚至可能更多。因此，如何改善人際溝通與能力，發揮潛能已成爲終身學習和必修的一門學問了。

四、耐心傾聽，認真答覆

☑改善傾聽技術，是溝通成功的出發點

「溝通、採納意見、願意傾聽」，上述是在一份針對二千多位經理人做過的調查報告中，被受訪者評定爲領導者博得眾人尊重的最重要的一個特質。

「溝通」是一切成功的基石。你想成爲真正受人尊重的領導者嗎？建議你趕快再多花些時間、精力、學習和增強你與人溝通的態度、能力和方法。

溝通技術非常重要，只要你指揮他人、管理他人，就必須掌握有效的溝通技術。只有那些能明確地、有說服力地闡明自己主張的管理者，才能最大限度地發揮自己的能力，才能使公司在同行中嶄露頭角。有人說：「一個管理者能否成爲人上人，能否爬上最高領導的位置，關鍵看其是否精通公司內各部門及公司以外各方面的溝通技術。」有些管理者可能是天生的領袖人物，但絕大多數的人，在溝通方面的潛能，需要加以開發、培養和發展。

在企業管理工作中，領導者必須有前瞻的眼光、神聖的目標，指引全力衝刺的方向，帶頭前進。然而，卻有許多的領導者在和別人進行溝通時，喜歡大聲咆哮、逞口舌之快、專斷跋扈，強迫別人接受他的意見，如此的領導風格和溝通方式，怎麼能獲得員工的認同呢？沒有能力做有效溝通的人是無法真正激勵別人的，縱然他有雄心壯志、能力卓越，由於缺乏良好的溝通能力，還是很難獲得好成果的。

溝通並不是一件困難的事，要學會有效溝通，說穿了並沒有什麼特殊的竅門，只有五點最基本的觀念。以下是一些達到有效溝通的條件，對想要有效成為溝通聖手的領導人特別有助益。

(1)溝通永無止境：任何時間、任何地點，你都可以和別人進行溝通。如果你要做得更好的話，建議你建立一個固定溝通的時間，並給每一位夥伴一對一溝通的機會，尤其當你是位高階管理人時，特別有效。記住，有效的溝通並不限於在辦公室內進行，任何與人會見的地方，如教室、教堂、高爾夫球場上、展示會、藝廊、餐館等場所，只要時機適宜，就可以進行溝通。

(2)溝通要有充分的時間：當決定要和別人進行面對面溝通之前，最好先確定自己是否有足夠的時間，不會受到其他事件的干擾，以免使原本良好的溝通氣氛、情緒因突發狀況發生而受到影響，讓對方誤認為你缺乏誠意。

(3)溝通之前儘量做好準備：你不必針對每天都在進行的例行性或隨興式的談話特別做準備，就應隨時做好萬全的準備。

(4)展現你想建立信賴關係的言談舉止：你可以藉著稱呼對方名字，來創造開放、友善和輕鬆的氣氛；你可以把你辦公室的大門永遠敞開著，讓別人知道你真正隨時願意接受別人和你溝通；你也可以用肢體語言表達你願意放下身分的誠意。總之，只要你願意，你可以用盡任何方法，讓對方對自己和對你有美好的感覺，你就贏在溝通的起跑點上了。

(5)做一位好聽眾：有位經驗老到的溝通好手的建議相當詼諧又發人深省，他說：「溝通之道，重在先學少說話。」多聽少說，做一位好聽眾，處處表現出聆聽、願意接納對方的意見和想法的模樣，這時候，你會慢慢發現對方也比較願意接納你，並且提供你所需要的答案和訊息，甚至把他的真正想法告訴你，讓你事事順心如意。

一位成功的領導者必須花相當多的時間，和他的夥伴及上司作面對面的溝通，他最常運用到的兩項能力是：一是洗耳恭聽，另一項能力則是能說善道。

所謂「洗耳恭聽」，指的就是「傾聽」的能力，這是邁向溝通成功的第一步；至於「能說善道」，則是「說服」的能力。當別人來跟你作當面的溝通，或者你主動與別人進行面對面的晤談，爭取夥伴支援你的計劃並爭取他們的通力合作。你是否善於運用「傾聽」與「說話」的藝術、功夫，來達成你的目的呢？在談到這些原則、技巧之前，不妨反覆思考受人敬重的政治家邱吉爾的一句金玉良言：「站起來發言需要勇氣，而坐下來傾聽，需要的也是勇氣。」

改善傾聽技術，是溝通成功的出發點。「上天賦予我們一個舌頭，卻賜給我們兩隻耳朵，所以我們從別人那裡聽到的話，可能比我們說出的話多兩倍。」希臘聖哲這句話的用意，就是告訴我們要「多聽少說」。溝通最難的部分不在如何把自己的意見、觀念說出來，而在如何聽出別人的心聲，這是高階管理者的特色。

目前的問題是實際的溝通技巧並未能作當場的示範和訓練。溝通技巧需要涉及人性，屬於人際間交往的實際經驗，至少包括兩個人之間的溝通。有關溝通技巧的訓練，必須從管理人員自我訓練傾聽別人意見的能力開始，才能見其功效。每個管理者必須能夠清楚地表達某些意思，並使其他人對相關的主題也能毫無保留地發表意見。這涉及到「聽的藝術」和「說的技巧」。

很多人認為，「聽」是一種被動的行為，他們很可能會感到煩悶，如果他們不參與談話還可能會感到無精打采。「善聽」則不是消極的行為，而是積極的行為。聽者對於交談的投入絕不亞於談話者。人們不真正去聽的原因是如果他們這樣做了，他們就不得不受外界新訊息的影響，他們必須面對別人對世界的看法。在這些新知識和新感悟的基礎上，他們就必須改變他們自己的觀點和已經形成的看法，而對很多人而言，他們是不願意改變他們一貫的思維方式的。但是，如果不竭力去聽懂他人的想法，是不可能成為優秀的領導者的。

有以下幾個因素會影響「聽」的效果：

(1)身體本身不適：這會影響一個人聽的能力和他對說話者的注意程度。

(2)擾亂：如電話鈴聲、打字機聲等，一切來自物質環境的聲音可能會打斷溝通過程的聲音。

(3)心中有其他心事：如惦記著其他的會議、工作等，都會阻礙聽力。

(4)事先已有問題的答案：對別人提出的問題自己已形成了答案，或者總是試圖阻止他們要提出的問題，這些都會影響你專注聽的注意力。

(5)厭倦：對某人有厭倦感，因此在他有機會說話之前，你已經決定不去聽他說了些什麼。

(6)總想著自己：心中總是充斥著自己，則必然會破壞溝通。

(7)個人對照：總是認爲別人在談論自己，即使並非如此也這麼認爲。

(8)對他人的情感傾向：對某人的好惡會分散人的聽力。

(9)有選擇地聽：僅僅聽取別人所說的話中與自己相異的觀點，這樣會影響全部內容包含的意義。

「善聽」在所有方式的溝通中都是很重要的，不論這種溝通是自下而上，還是自上而下，積極聆聽總是十分重要的。自下而上的溝通通常是你向老闆或上司遞交文件或報告，與他們交談或爲上級作介紹、引見等。

而自上而下的溝通則發生在你與向你遞交報告的人或其他情況下，這是屬於員工之間的交談時，或者是你草擬通知或撰寫評估報告的時候。還有，橫向溝通是發生於同一水平線上人與人之間的溝通。

☑如何有效地傾聽？

「聽」是一種行爲、一種生理反應，「傾聽」則是一種藝術、一種心智和一種情緒的技巧，是我們瞭解他人，甚至不需出聲即可達到溝通目的。

「聽」可以說是除了「呼吸」之外，我們最常做的事。然而，真正懂得傾聽的人不到二十五%。而且，對我們真正關心的事，我們不是忘了，就是扭曲、誤解了。

要有效傾聽，你必須要專心聽並篩選重點，解釋其意涵，決定你對它的看法爲何，然後適當回應。

(1)不要以自我爲中心：自我是妨礙你成爲有效傾聽者的最大障礙。因爲你會不自覺的被自己的想法影響，而漏失別人透露的語言和非語言。在良好的溝通要素中，話語占七%，音調占三十八%，而五十五%則完全是非言語的信號。

(2)選擇性注意：有效的傾聽，不是被動、照單全收，它應該是積極主動地傾聽，如此一來，你會更瞭解對話內容、更懂得欣賞對方，回答也更能切中要點。

(3)接受責任：負責任的態度能增加你與他人對話成功的機會。參加任何會議前，都要妥善準備，準時出席，不要隨意退席或離席，而且要集中注意力。你是否有過和別人說話，而對方卻心不在焉的經驗？不要坐立不安、抖動或不時地看手錶。如果你能決定會議的場地，要選一個不會被干擾、噪音少的地方。如果在你的辦公室，走出有權威障礙、妨礙溝通的辦公桌，站或坐在你談話對象的身旁，如此一來，能讓對方覺得你真的有誠意聽他們說話。

(4)不要有預設立場：如果你一開始就認定對方很無趣，你就會不斷從對話中設法驗證你的觀點，結果你所聽到的，都會是無趣且無意義的。

抱定高度期望會讓對方努力表現出他良好的一面，你只要認真的關注與適當的發問，就可以幫助對方提升他自己的說話技巧。

☑傾聽時的注意事項

(1)邊聽邊溝通：眼睛注視著對方，不時點頭稱是、身體前傾；最重要的是，把手邊的事先擱在一旁，表示你關心對方所說的話，而且給對方信心，讓他把話說完。

(2)不要輕易插嘴：打斷別人的話表示你要說的比對方的還重要，即使對方是長舌婦或反覆說那幾件相同的事，奉勸你還是要耐心等候，這樣會比插嘴的收穫更多。

(3)不要向無聊投降：善加利用對方的談話資訊，以引導談話方向。多問些問題，讓對方談談你感興趣的話題。

(4)傾聽弦外之音：人與人之間的對話，經常表面說的是一回事，心裡卻又是另一件事。例如表面在討論如何修改文章的作家與編輯，心裡想的也許卻是誰的權力較占上風。攻擊的、懇求的或不悅的聲調及彎腰駝背、手臂交疊、蹺腳、眼神不定的肢體語言，通常可影響說話者七十%的訊息。善用你的聲調，如深感興趣的、真誠的、高昂的；而肢體語言如用手托著下巴，這樣會顯得你態度誠懇而鼓勵對方說出心裡的話。

(5)不要妄自評斷：說話者的肢體語言、面部表情或音調是否符合他所傳遞的訊息？

不論你心裡是否有疑惑，可開口問問，如果不好意思問，則說出你的疑慮。

(6)瞭解對方的看法：好的傾聽者不必完全同意對方的看法，但是至少要認真接納對方的話。點頭、並不時說「原來如此」、「我本來不知道」等，鼓勵對方繼續說下去。說不定他說的是正確的，你或許也可從中獲益。如果你不給對方機會，就永遠不知道對不對。

(7)用心傾聽：要確實評估對方傳遞的訊息，必須要把實情和情緒區別清楚。換句話說，心胸要開放。

如果你覺得對方欺人太甚，還是要忍耐，不要隨便打斷他的談話。給你自己時間冷靜下來，想想看怎麼回答比較妥當而避免說出日後會讓你後悔的話。讓對方可以把話說完，給自己一個調整心態的機會，或搜集更多要回答的參考訊息。

五、既要掌握「聽的技巧」，也要熟悉「說的藝術」

☑把你的想法清楚地表達出來

(1)講話的快慢要適合，音調要適中、在交談過程中，管理者首先要留意自己說話是不是太快了？如果說話快而導致字音不清，會讓人聽了等於沒聽。即使快而清楚，也不是明智之舉。說話的目的在於讓人全部明瞭，別人聽不清、聽不懂，就是浪費時間。故經理人要訓練自己，講話的聲音要清楚，快慢要適中。說一句，人家就可聽懂一句，不必頻頻詢問。現代經理人要知道，陌生人或位階比你低的人是不敢一再請你重複一遍的。

其次，說話的聲音不要太大。在火車、飛機上，或者是在有嚴重雜訊干擾的地方，提高聲音說話是不得已的。但是平時就不必要也不能太大聲，在公共場所或在會客室裡，過高的聲音會使對方感到不舒服。

說話雖不能太快也不能太大，但在談話中，每句話聲調也該有高有低、有快有慢；說話有節奏、快慢合適，可使你的談話充滿情感。

(2)管理者要揣摩如何用詞，說話越簡練越好。有些人在敘述一件事情時，拚命說許多話，還是無法把他的意見表達出來；結果對方費了很多時間與精力，還是不知道他話中的意思。所以，話未說出口時，就應先在腦裡預先規畫好輪廓，擬幾個要點。

溝通，是人與人之間特有的聯繫方式，而企業與外部環境的溝通，是人與人之間關係的一種放大關係。管理溝通既是一門技術，又是一門藝術，它有特定的規律和技巧。學習和掌握這些技巧，不僅會讓人工作心情舒暢，而且會增加人緣。對公司來說，有效的內外溝通是確立良好的社會形象、獲取成功的祕訣之一。

現代經理的溝通能力，從某種意義上而言，可能比他的知識水平、分析能力和智力程度更爲重要，良好的溝通，應注意以下幾點：

(1)必須機靈一些，創意要能引起人的興趣。如果你總是向老闆嘮叨一些婆婆媽媽的瑣事，你的前途就無望了。

(2)與人溝通必須有自信，不說廢話才是懂得溝通的人。

(3)輕鬆瀟灑的態度對於溝通的成功至關重要。如果過於緊張，對方也會不舒服。

(4)說話誠實會給對方一個好的印象。因爲世上說謊行騙的人太多了，誠實一定會有助於你形象的建立和達到成功之境。

(5)對方的興趣所在是關心的焦點，對對方的好惡要敏感。

(6)保持適當的幽默感。

(7)不要讓情緒左右訊息的傳遞。不要心裡不同意對方的話，或是另有看法，就輕易打斷別人的話。傾聽並不等於完全同意對方，它只是一個「聽」的動作。

(8)不要遽下結論。未經仔細考慮而下的結論，即使當時雙方都很滿意，日後也有可能造成麻煩。例如，太快決定雇用某人，很可能造成日後各方時間、金錢及精力的浪費。

(9)決定你反應的方式。除非確定對方的話已經快要講完了，否則不要太早下結論。第一個反應一定要對對方做正面肯定的回答，就算你完全不同意對方的觀點，至少感謝他願意花時間和你一談。

☑答覆與回應時保持融洽的氣氛

不插嘴、誠懇傾聽並及時以言語或非言語的信號來表示肯定之意。基本上，你已經在正面回應對方的話。為了繼續保持融洽氣氛，你可這麼做：

(1)複述或摘述對方的話：用你自己的話來複述對方的話，不但表示你用心傾聽，同時也給對方修改錯誤的機會。

(2)有任何不清楚的疑慮要發問：如此不僅讓對方能再次陳述他的觀點，你也有機會確定對方的意思。

(3)適時承認：如果對方論點正確，即使對方可能有尖銳的批評，而使你難以接受，還是得承認自己的過失，負起應負的責任，並向對方保證不會再犯。

(4)要求緩衝時間：對於任何無法同意的批評，你可以要求有點緩衝時間來想想對方的話。如此可給雙方冷靜情緒的機會，你可藉此思考該如何回答，對方也可想想他的批評是否客觀。等你再回答時，對方的態度應該更開放，更能接納你的觀點。尤其你之前如果一直專心傾聽、不插嘴、一再肯定對方的意見並勇於認錯，對方應該不至於聽不進你的回答。

(5)注意肢體語言：當你感謝別人對你的批評指正時，總不能皺眉吧！這不是說你應該歡天喜地地接受別人的批評，而是要敞開心胸接受對方的建議。

(6)對事不對人：回答要針對事件，不要做人身攻擊。「你老是……」或「爲什麼你後來沒有……」的回答只是徒增溝通障礙。沒有人願意被揭瘡疤。試試看用「我」開頭的話：「我一個人在辦公室的時候，我整個人……」而且，只提現在：「我們現在怎麼辦？」或未來：「如果我們在下一個鐘頭能做完，我們可以……」

六、使意見在不同類型的成員之間暢通無阻

現代經理人必須是一個溝通的高手。在現代企業組織關係中，大家越來越注意管理方面的密切聯繫，而且都在研究如何才能更有效、更準確地相互溝通。因此，經理人要把注意力集中，使資料、意見等在整個機構中暢通。

暢通的主要目標是要傳遞及接收完整而準確的資料，同時，整理出共同的意見及

應循的方向。如果實施該法，更可促進成員之間、部門之間的相互瞭解。此外，經理人還要不斷地分析、督導管轄部門，促使意見及資料確能暢通無阻。

管理工作中的溝通技術，既包括公司內部的上傳下達，也包括公司與外部的聯繫。管理也通常被視爲各個部門進行溝通的過程，其意義指：管理者必須不斷地去尋找部屬所要求的，以及探查部屬對其本身的工作與對公司的看法，還要使部屬知曉公司在進行哪些活動，並讓部屬參與管理、決策的過程。

可見管理上的溝通，是上司與部屬間不斷迴旋的過程；權威主義或單向溝通的管理者，很少試圖努力使部屬們在管理活動上佔據相當的地位，以共同完成某些事務或持有相同的信念。而真正正確的管理，必須承認晉升部屬及與部屬維持良好關係的重要性。近來的管理者，愈來愈感到要停止訓話，轉而留心傾聽部屬們的意見及反應。

管理者想取得真正的成功，就必須學會、掌握與人溝通的技巧。在管理過程中，經理人必須學會如何歸納問題，如何找出重點，然後把這些訊息和自己的想法，以最有說服力的方式，傳遞給適當的人。如果做不到這點，那麼縱使擁有世界上最好的創意、思想或方法，也徒勞無功。

因此，上司與部屬間的雙向溝通，已逐步在企業界展開，不管年輕或年老的管理人員，都已發現，部屬員工參與決策，會使公司充滿光輝的前景。通常，經理人必須花費七十%的工作時間，用在人際溝通的事務上。而且愈是高層管理，所花費的溝通時間愈多。

在溝通時間中，一般說來，有九%是以書寫方式進行、十六%採取閱讀方式、三十%以口頭溝通完成，其餘四十五%花費在傾聽別人的意見上。假如管理者是個拙劣的溝通者，員工的時間及公司的利潤都會被糟蹋。

不同職位的人需要不同的溝通方式。上司需要別人彙報情況，同事希望與人共用快樂，部屬需要有人做出指示。每個單位都有一些不常溝通，卻能提供極佳意見的員工，他們可分爲三種類型：

(1)看起來比較孤傲的員工。這類員工大都擁有較高學歷或擁有專業背景，因爲他們出身於那種環境，「能力決定報酬」的觀念深植於他們心中。因此這些「運用智慧」的成就者時常埋頭苦幹於所專業的事情，而開口講話時也只是講幾句簡單的話，因爲他們被鼓勵的是「忠於工作」。

這類型的人通常從未學習過人際關係的技巧，他們對工作本身的忠誠，比對公司的忠誠還要強烈。他們更關心的是「工作完成了嗎」，如研究中心的科學家、會計師、工程師和許多其他這類專家，都只關心他們的專業以及和如何和同行保持關係，而很少人會關心公司的經營狀況。因此，他們被你雇用到的只是「能力」，此種情形可能使他們在組織內的任何層級上，均與其他工作人員保持著一段陌生的距離。

(2)另外有一類人常被經理人忽視，他們所以無法貢獻他們更多的心力，是因爲他們是「熱心但沉默的一類」。這類型的人，我們稱之爲「大智若愚」型員工。

(3)有些人則視多言如蛇蠍，他們認爲只有言簡意賅才有價值，其他多說的一語一言都是在浪費時間、浪費生命。結果他們不願表達任何「顯然費時」的意見，但這些意見可能在討論會中極富價值。

管理者必須對這三類人加以分析，同時要求他們廣泛地參與團體討論，或在某些狀況下讓他們提出更細微、更吸引人的建議，並將這些建議付諸實施。當這些人參與任何層級的活動時，不妨給予熱烈的讚許和鼓勵。

這些人已習慣於人們對他們工作成就的讚美，現在經理人稱讚或鼓勵的卻是自己在溝通上技巧的改進，這會令他們感到驚訝。所以，經理人要讓一個沉默類型的人對發表高論變得熱心，就必須讓他知道你確實已在注意和讚許他的表現。

此外，讓他們知道他們所缺乏的能力也是有效的方法之一。如果你交付某人一項特別業務或工作，但卻覺得他缺少領導能力，那麼就必須盡可能向他詳細說明他所缺少的特質，這可以加強他們面對問題的勇氣。

七、讓員工真心支援改革

企業組織裡每天都有許多變化。在某種意義上，經理人的職責就是對變化和變革進行管理。人們對變革的反應有好有壞，要避免那些使變革陷入困境的反應。比如，對變革的需求缺乏認識、對變革的環境缺乏認識或抱有不同認識、對進行變革的人缺乏信任等等。因此，在進行交流的時候要從以下幾個方面努力：

☑首要任務是說明變革的理論基礎

支援變革首先要接受作為變革立足點的前提條件和觀點。接受了這些觀點，就不難理解所提出的變革行動。員工可能不喜歡必須進行的變革，但能夠認識到其好處。因此，交流的首要任務就是，說明變革的理論基礎。

越是接近實施階段，這個任務越難。人們關心的是給自己的具體問題尋找答案。當企業員工人數膨脹，出現裁員的徵兆時，人們最關心的就是「如何保住自己的飯碗」。至於向國際發展的問題，根本與他們無關。他們不想看遠景，只顧著眼前的個人前途，而且斤斤計較眼前利益。這時候再解釋變革的理論基礎就晚了，人們早已按各自的想法行事了。無疑地，他們的優先順序和公司的優先順序不會相同。

越往後拖，交流面就越窄。交流面越窄，越可能發生衝突、阻力也就越大。交流的過程就是帶領人們體會一種思路的過程。你想改變人們的態度和對問題的理解，就必須讓他們經歷這個過程，不能只把這個過程的結果遞給他們，交流的目的是分享思路，不是宣佈結論。

☑追根朔源，弄清楚改革思想產生的環境

現在再進一步回到思路漏斗的上端，即產生思想並考慮各種選擇方案源頭。變革的幅度越大，交流的重點就越要放在更靠近起源的地方。不把思想產生的環境講清楚，你所提供的訊息就沒有意義，或者產生不了預期的影響。員工就會從自己的角度來解釋所交流的訊息，認爲公司採取的是與他們敵對的立場。

這時就會產生利益衝突的誤解。交流看來是不顧人們的切身利益，硬性貫徹變革日程。當經理人宣佈未來的新方案時，員工腦子裡裝的都是直接關係到自己前途的擔憂，很難再吸收別的訊息。

原來使企業成功的因素這時就變成了不利因素。過分注重完成任務、強迫員工服從、明確就對錯問題的表態、在不同價值觀的背景下交流等等，所有這些因素都會使員工誤解，因此產生對公司不利的阻力。如果不和員工分享對問題的理解和此前的思想產生過程，而是想直接推出結論，員工反彈的聲浪就會更大。

高層管理包括了整個思考過程，仔細分析了變革的意義，就員工提出的問題進行了苦苦思索。然而，他們太殷切地希望員工瞭解其變革，結果使用的語言卻反而加強了員工的懷疑。

☑幫助員工轉變思想

(1)避免衝突：人類的關係中有共同的目標，也有衝突的目標。在不安的動蕩時期，人們容易忽視共同的目標以及把人們聯結在一起的原因，而緊張兮兮地把注意力放在引起對立和衝突的目標上。如果在交流時只注重完成任務，人們就會採取自我保護的敵對態度，形成最令人害怕的阻力。

(2)不要貶低過去：人們傾向於把昨天說得沉悶、錯誤百出，以此來描繪明天的燦爛。這令人聯想到公司過去一直是錯的，現在要加以糾正。

(3)讓員工發洩抱怨：只有把自己頭腦裡的包袱卸掉，人們才有可能接受新的觀念。交流者只有收到反饋才能真正實現交流。通常，經理們在事過之後很久，才驚訝地發現自己的話被人嚴重誤解了。誤解是難免的，如果不讓員工說出自己的看法、擔心和害怕，你將面對的還有自己沒意識到的誤解所產生的阻力。

(4)不要只重任務：幫助員工應付變革，必須有解釋說明、說明變革環境和提供反饋意見的技能。

多數經理人把時間用來下命令、檢查任務完成情況。這時，就出現了雙方的脫節狀況。經理的注意力在完成任務上，所以要下命令、檢查工作。員工的願望是瞭解變革的前因後果和各種環境條件，所以希望知道變革的背景、爲什麼要這麼做、管理階層的反饋是什麼、事情的進展如何。若經理只偏重任務，而不在意環境條件，員工當然沒有參與感，這對變革是個不利因素。

(5)歡迎員工提問：人們希望瞭解戰略在實際運作中的具體情況，所以常需要提問並希望得到圓滿的回答。

如果員工在十分有把握的情況下才敢發表不同意見，那麼此企業的文化特點就是「不敢肯定時就保持沉默」，人人都害怕走錯一步，企業裡向來都是唯唯諾諾員工，從未一呼百應，那麼，經理人就應該尋找機會、創造機會改變這種局勢。

☑經由不同的交流管道和工具，實現不同的交流目的在一定時期內，對不同群體的員工往往有不同的目標要求。有些員工暫時只需要他們有所瞭解，另一些員工則要求全力投入。爲了利用有限的時間和資源，企業需要對員工做不同分類，按優先順序來確定在某一時期對某個群體有什麼目標要求。

與員工交流變革問題就像乘扶手電梯，是一個不斷運動的動態過程，其主旨就是要讓公司全體人員隨之而上。

不同的交流管道和工具實現不同的交流目的。企業如果需要讓這個員工走到扶手電梯的更上端，就要花更多時間，做更多面對面的交流。

在扶手電梯的底部，交流的重點主要在於單向地傳遞訊息給被動的聽眾。到電梯中段，則需要更多對話和面對面的交流。在電梯頂部，管理階層則需要多聽少說。

在扶手電梯底部，重點在於完成交流任務和高效地傳遞訊息。越往上走，重點就轉向了與員工關係的質量。

經理人必須留意任務與關係間的區別。要讓一個注重任務的高階經理人裝模作樣地去關注與員工的關係，是很難有成就。驅動交流的最終因素，在於員工關係的質量和員工的信任度。交流本身並不能改變員工，但一定可以清除變革道路上的障礙。

第二節 積極緩和與部屬的矛盾

企業部門充滿的矛盾情結無處不在、無時不有，經理人每天與部屬相處共事，難免會發生矛盾的時候。經理人如果能把這些矛盾妥善處理，更能在部屬中樹立起威信，與部屬建立一段和諧融洽的關係。

一、不可忽視員工的抱怨

當員工對公司有抱怨、不滿、利益衝突時，經理人應當重視這個問題。首先你要查明原因。如果員工對薪資制度有抱怨，可能是因爲公司薪資在同業中整體水平偏低或某些職位薪資不合理。經理人要找出員工抱怨的原因，最好聽聽他的意見。

「傾聽」不但表示對投訴者的尊重，也是發現抱怨原因的最佳方法。對於員工的抱怨應當做出正面、清晰的回覆，不用拐彎抹角、含含糊糊的態度敷衍了事。

在處理員工的抱怨時，應當形成一個正式的決議後，向員工公佈。

在公佈時要注意認真詳細、合情合理地解釋這樣做的理由，而且應當有安撫員工的相應措施，做出改善的行動，不要拖延，更不要讓員工的抱怨越積越深。如果最終裁決是最高主管做出的，那麼你當然應當全力支援，無論裁決是否能圓滿解決問題。

在解決員工的抱怨問題時，高階管理人員有一種「門戶開放式政策」，即宣稱他們辦公室的門隨時敞開，歡迎各種抱怨的員工直接向他們投訴，他們將全力解決。有人認爲這起不了任何作用，然而這種方式可以使員工隨時隨地意識到自己利益不受侵犯，能使員工更加努力爲工作付出。

經理人絕對不可對員工的不滿和抱怨掉以輕心，漠然視之。員工雖然不會因爲心存抱怨而憤然辭職，但是他們會在其抱怨無人聆聽，又沒人重視的情況下辭職。因爲他們感到自己的人格受到了污辱，感到自己無法被公司所接受。如果你希望員工愉快、滿懷熱情地工作，你就應當花點時間傾聽他們的訴說。多花點時間聽聽員工的心聲，對你是有益無害的。

如果管理者認爲，員工對某一事情表示不滿，就表明此人對公司和管理部門甚至對你個人極爲怨恨，那就大錯特錯了。抱怨是在老闆對待員工的方式不當時，員工所能表達的反應。實際上，正是抱怨和不滿的心理因素，才會使管理者意識到公司裡可能還有其他員工也在默默忍受著、抱怨著同樣的問題。這種情況下，工作效率會受到嚴重影響。你的員工常會對工資、工作條件、同事關係以及同其他部門的關係發出怨言。面對員工抱怨，你必須謹慎地處理，不可置之不理，輕率應付。

經理人要設身處地，變換角色地想想事情爲什麼會發生，考慮問題發生的原因，避免因操之過急而引起的矛盾。你應當做出一種姿態：向員工的抱怨敞開大門，即使一時沒空，也要約定一個時間讓員工有表達的機會。不要立即反駁部屬的怨言，應當讓他們先訴爲快。如果抱怨的事關係到其他的員工，你必須同時聽取另一方的意見，以便公正地解決問題。如果你打算解決問題，請立即採取行動。如果你不準備採取行動，也應告訴抱怨者你的原因。

在面對員工的抱怨時，你需要有耐心和自我控制力，尤其是員工的抱怨牽涉到你，使你感到很尷尬時，更需要有極大的耐心和自我控制能力。並非員工的所有抱怨都能得到圓滿的解決，因爲有些可能違背了公司的政策，甚至是一些錯誤的、不合情理的抱怨。但是，對於這些抱怨，你也不能漠然視之，你要認真地傾聽他們的抱怨，然後再作表示。

員工發洩怨言通常希望你採取行動，而實際上只要你給他們一雙理解的耳朵，他們就會感到心滿意足。而且，你也應當解釋清楚為什麼那個抱怨無法被徹底解決。

在處理員工的抱怨時，要掌握「具體情況具體分析、具體對待」的原則，並且相信員工的忠心。

二、化解與員工的矛盾

領導者與被領導者在日常的工作中，偶爾也會為某件事發生摩擦，甚至爭得面紅耳赤的。一般而言，抱怨的事情過後，大多數情況都能夠握手言和。

美國迪卡爾財政公司經理狄克遜，在管理方法上曾提出「有摩擦才有發展」的觀點。有一次，狄克遜在公司無意中說了一句話，卻引起和另一名同事間的衝突，雙方在理智失去控制的情況下激烈爭辯，並把長期鬱積在內心的話傾吐了出來。然而，這次爭吵卻使雙方真正瞭解彼此思想，反倒覺得雙方間的距離縮短了。以後雙方反而能坦率相處，關係有了更新的發展。

人際關係中以領導者與被領導者之間的關係最常出現「敬而遠之」的現象，這種現象使彼此的思想無法進一步交流。因為越是「敬而遠之」，就越無法增加交換意見的機會和可能，如此一來，偏見和誤解就會逐步加深。倘若能在合適的時機，因為一兩次摩擦和衝突，倒可能使多年的問題得到解決。

作為領導者應該敢於面對衝突，而不能一味遷就局勢。透過衝突進一步改善人際關係，雖不是上上策，有時卻能使全體員工更坦白、更合作。領導者如果沒有面對衝突的勇氣，也沒有解決衝突的能力，就難以改變惡化的人際關係，因此也就難以領導部門達到更有產值的工作。

正確對待組織內部的人與人、人與組織的關係，是企業內部公共關係的重點之一。因此，每個領導者都應從全局著想，認真對待這個問題，要善於處理面對面的衝突。

做一名管理者，需要很多技巧和藝術，尤其是在處理員工與你的關係時，更應當設法讓他們佩服你，認真地完成自己的工作。

你與員工之間也會有矛盾衝突發生的時候，主要是因為你們對工作有不同的期望和標準：你希望工作儘快完成，而員工卻認為不可能。你對他們的表現很失望，他們也因沒有順利完成工作而很灰心；員工希望得到更好的工作條件，你卻不能滿足這些；還有的員工態度粗魯或者總是不恰當地奉承等，這些情況都會對你們工作造成不好的影響，影響你在員工心中的威信形象。因此，要樹立的威信就必須學會化解與員工的衝突，讓他們佩服你。

在你設法化解與員工的矛盾時，你可以自我評斷以下幾個問題：「我和員工的衝突到底是什麼？」「爲什麼會產生這種衝突？」「爲了解決這個衝突，我要克服哪些障礙？」「有什麼方法可以解決衝突？」當你找到了解決衝突的方法時，還要檢測是否是有效的方法。

另外，你還應當預見到按照這種方法去做時，會出現什麼結果，才不至於在事情真正發生時不知所措。當然，如果你感到問題很複雜時，可以找專家諮詢，或找個朋友談一談情況，請他們爲你出主意。

你的一名部屬鬧情緒，工作不積極，你認爲這是一個需要解決的問題。通過上述提到的那些問題你會發現，衝突在於你們對於「何種行爲是可以接受」的認知上的差異，因爲他向你抱怨噪音太大，而你卻不加注意，也沒請總務部門進行改進，原因在於他認爲主管應當重視噪音，而你卻不願採取措施，甚至刻意忽略。

需要克服的障礙是他對你不信任和確實存在的噪音問題。解決問題的辦法是與他談話時注意技巧、設法共同解決。結果可能是他改變了對你的態度，噪音問題也得到了解決，也可能是他仍舊不合作，你不得不辭退他或爲調動他的工作。

一位管理者既要學習管理技巧，也要注意培養自己的領導素質，增強自身的人格魅力，讓員工自願與你共事。對於有些稍有缺陷的領導者，更應當注意如何增強自身的性格素質，避免與員工的一切矛盾，達到最佳的合作狀態。

三、必須掌握適宜的原則

☑得饒人處且饒人

這是緩和與部屬矛盾的最基本的原則。部屬如果做錯了一些小事，不必斤斤計較，動輒責罵訓斥只會把你們之間的關係弄僵，相反地，對待部屬要儘量寬容。

對部屬除了給予寬容，在得罪你的部屬出現困難時，也要真誠地幫助他。

特別提醒的是要真誠，否則如果你覺得你是勉強的，就會覺得很不自在。如果對方的自尊心極強，還會把你的幫助看作是你的蔑視、施捨，而加以拒絕。

☑重視與部屬交流

領導人與部屬對某一問題出現意見分歧是很正常的事。這時作爲領導者，你需要克服自己的心理：「我說了算，你們都應該以我說的爲準。」其實，「眾人拾柴火焰高」，把大家的智慧集合起來，進行比較、綜合，你會找出更可行的方案。

部屬的提案若優於你，你不能嫉妒他，更不能因爲他的能力就排斥他，拒絕他的意見。這樣，你嫉妒他能力超過了你，他就埋怨懷才不遇、遭受壓制，雙方的矛盾就會變得尖銳。你有權、他有才，積怨過深反而容易發生爭鬥，可能會導致兩敗俱傷。

作爲領導者，要能夠發現部屬的優勢、發掘部屬的潛能，戰勝自己的剛愎自用，對有能力的部屬予以重用、提拔，肯定其成績和價值，才會化解矛盾。

發現部屬的潛能，並能委以重任，可以減少很多矛盾。部屬經你的重用後會發現自己的潛能與不足，就會覺得自己千里馬遇上伯樂，就會對工作環境、工作條件不那麼在乎，也就避免了很多與你發生矛盾的可能。

另一方面，領導人與部屬能進行這樣的交流，領導發掘並動用部屬的潛能，部屬從領導人那裡得到指點，就會知道能做什麼、不能做什麼，應該得到什麼、不應該得到什麼，就不會因得不到某些機會或某種獎勵而與你發生矛盾。

☑主動承擔責任

解決矛盾衝突時，如果是你的責任，或者有必要時，要勇於承擔責任。「人有失足、馬有失蹄」，任何人都會犯錯，甚至一些事情的決策本身就具有風險性。

工作中出現問題時，你和部屬都在考慮責任問題時，誰都不願意承擔責任，推給他人，自己清靜，豈不更好？但作爲經理人，無論如何都必須承擔責任，決策失誤，自然是經理人的責任；執行不力，是因爲制度不嚴或用人失察；因外界原因造成失誤時，有分析不足的責任，這些都是經理人必須承擔的責任。

經理人若把責任推給部屬，出了事只知道責備部屬，不從自身找原因，就會與部屬發生芥蒂，也會冤枉了部屬。這些作爲都會使你失去威信。

即使是部屬的過失，經理人若承擔一些責任，比如指導不當、督導不周等，更顯出你的高風亮節，而不至於在出了問題以後上下層級的關係都產生不信任感，以至出現嫌隙，這個承擔責任的行爲，會把很多衝突消弭於無形。

☑允許下級人員發洩情緒

發現確實是自己造成的錯誤時，要允許下級人員發洩情緒。上下級間存在矛盾情結，如果因爲領導工作有失誤，部屬會覺得不公平。有時爲了發洩壓力，部屬甚至會直接面對上司訴說不滿，指斥過錯。

遇到這種情況，經理人不能以怒制怒，弄得雙方劍拔弩張，不然只會讓衝突更加激烈。日本的一些企業在這方面做得就比較明智，他們在企業中設立一個類似於「發洩室」的房間，裡面設置企業各級經理的相片、人像或模型，讓員工在對他們不滿時去對這些經理人的分身臭罵一番，發洩心中的怒火，再回去繼續努力工作。

這僅是一種間接的發洩方法，不利於解決存在的問題。因此，在遇到部屬直接找你發洩他對你的不滿時，應該這樣理解：他對你是信任的、寄予希望的。不知道經理人是否會接受抱怨，更害怕說了會被你駁斥，他就不會願意表達了；同樣地，如果不寄予改進現況的希望，他也不會來找你了。

因此經理人在面對發洩不滿的部屬時，要耐心地聆聽部屬的訴說，如果經過發洩後能令其心裡感到舒服些，能更愉快地投入到工作中，聽聽又何妨？同時這也是一個瞭解部屬的很好的機會，可不能一怒而失良機。

☑不要一味的忍讓

問題的發生無論原因是在領導者或是部屬，領導者都不能一味忍讓。若責任是在部屬，則適當給予寬容，也要給予指導。否則他渾然不覺，以後依然會出現相同的錯誤。責任在領導者時，就要有效率地處理善後問題，對於一些不知輕重的部屬，也不能一味忍讓。寬容並不是愚蠢，退步也不等於軟弱，在適當的時機予以糾正，都足以阻止部屬無休止的糾纏。

解決部屬之間的嫌隙時，就要學會提出批評，並指出部屬錯誤的方法。指出錯誤要為部屬保留面子，並且能不因此招恨惹怨，還要讓部屬覺得改正錯誤其實並不難。

如果你要指出部屬的錯誤、提出批評，不妨先讚美對方的一些優點，這種方法就像做手術前先施行麻醉，患者雖然要遭受刀割針縫之苦，但麻醉劑卻抑制了疼痛。

人們都不喜歡接受別人當面直接了當的批評，你不妨先提出自己的錯誤，這會更能讓部屬產生共鳴，也更容易接受你糾正他的錯誤。對待部屬的失誤、指出錯誤、進行批評、處理問題時，一定要冷靜，要給部屬留些面子，這是為部屬在公司裡留些餘地。有的領導人一旦動怒了，不分場合就當著員工的面指責部屬，不顧全部屬的顏面，這樣一來，就會為自己樹了一個對立的關係，甚至結下怨仇。也要替部屬留個面子，別把雙方的關係弄僵。

第三節 把自己塑造成與人合作愉快的經理人

一、不受和合夥人之間的不良關係影響

你的某個合夥人近來對企業的事缺乏熱心，不聞不問，工作時也沒精打采分配給他的事，他也常常無法完成。你們本來約好在今晚共商大事，他卻食言，推說有事，就一走了之，後來你才知道他的事就只是去酒吧飲酒作樂。對此，你極爲擔心，恐怕因此影響了你們共同事業的發展。

在合夥企業的經營管理中，某個合夥人的意見和行爲出現脫軌現象時，容易對企業的發展造成影響，除非他能表現得更好一些，不然，企業總是面臨著因他造成的風險。

然而，心理學家說：「只要是人皆反感批評。」批評自己的合夥人是一件令人不愉快且不容易處理的事，因此你爲了雙方企業的發展前途，不得已而向他提出一些忠言。然而忠言逆耳，在批評中若稍有不慎，言語運用得不當，就會把兩人間的事擴張為公司的危機，使合夥人誤會，還有可能導致敵對甚至衝突。

因此，你要對合夥人進行批評時，就必須有公正的動機，並挑選一個恰當的時機溝通。你們之間應該有足夠的信任，如果無法取得對方的信賴，即使所持的見解精闢，也無法讓對方信服。在提出批評之前，要先請教第三者，使你的言論更能切合實際的狀況，因為你自己的看法也可能不是很正確。

此外，不要光批評而不讚美，「批評前先讚美對方，讓他失去防備心」是一個須嚴格遵守的原則。不管你要批評的是什麼，都必須找出對方的長處來讚美，批評前和批評後都要遵守這個原則，這就是所謂的「三明治策略」——夾在兩大讚美中的小批評。

進行批評要選擇適當的時機，要在人們記憶猶新時提出來。在下列情況下，則應當保留批評：

(1)不信任對方。
(2)你的目的在於發洩心中之恨。
(3)對方已盡最大努力。

(4)對方已感到後悔。
(5)對方自身又有很多麻煩。
(6)只是第一次犯錯。
(7)你不願別人對你的批評提出反擊，也不想惹麻煩。
(8)你沒有足夠的時間。

然而，當人們進行批評時，還是容易引起對方的敵意。聽者心存反駁之念，會試圖從你的話中找出語病，而後用無懈可擊的言詞加以反駁，如此一來，受批評人就無法對別人的善意批評做出友善的反應。

因此與合夥人溝通時，要牢記這個原則：多讚美、少批評。從合夥人身上努力找到你希望看到的特質，大加讚美。但是，如果到了只有批評他才能避免危害時，也要注意在你們之中營造融洽的氣氛，避免出現尷尬。

一個合夥企業是由各種不同的合夥人組成的，各個合夥人有不同的處事方法、個性、資歷和利益，矛盾和衝突的發生在所難免。對於合夥人之間的矛盾和衝突，應當想辦法設法加以化解，否則會給合夥人在精神上、情感上帶來不良後果，阻礙合夥企業的發展。身爲合夥人之一，更應想辦法處理合夥人之間的衝突和爭端，這樣才能將其弊端減至最小。

應當注意的是，對於不同的矛盾與衝突，應採取不同的方法解決，因此，要善於解決矛盾，熟練運用化解衝突的方法和藝術。

對於破壞性的矛盾衝突，應採取積極的措施加以預防，把構成破壞衝突的消極因素減至最低。然而，合夥企業中也會出現破壞性矛盾衝突，雙方只對自己的觀點關心，不願聽取對方意見、一概排斥，甚至進行人身攻擊、有意對抗，不負責任的言行日益增多。這時要透過協商、妥協和相互讓步的方法來解決。如果行不通，則請第三者出面仲裁調解。當然仲裁者對兩人都要有權威性的說服力，並且不能採用偏袒任一方的行爲。

要把建設性的矛盾和衝突，控制在適當的水平上，防止過於激烈的關係，避免轉化爲破壞性的矛盾與衝突。而在其處於潛伏期時，要適當激發，展開辯論和爭論，以增強活力。只要矛盾衝突的雙方對實現目標積極熱心，這種適當激發並加以控制地利用建設性矛盾衝突的做法是可取的。日本電通公司認爲，「不要怕摩擦，摩擦是進步之母，是有用的肥料。」

當合夥人之間發生矛盾與衝突時，雙方都應以「責己」開始，控制情緒、調節「觀察的立場」，檢查自身存在的問題。這有利於順利解決雙方的矛盾和衝突。因爲這其中可能有己方、對方和第三方的原因，但也不能無原則地遷就對方。

當矛盾或分歧的狀態嚴重，一時難以解決時，爲防止激烈的對立關係，應有意識地減少與有矛盾的合夥人接觸，避免正面衝突，使大事化小、小事化無。暫時迴避是積極的迂迴戰術，能在對方怒火中燒時，起釜底抽薪的作用。

也可使用「同中存異法」——只要合夥人之間基本原則，基本傾向相同，至於管理風格、個性特點、習慣愛好、生活情趣都可以存在差異，既可避免衝突，又可化解矛盾。

在特定的條件下，對於一些無原則的矛盾與衝突，可不爭論，不必分出是非，否則反而會助長對立，激化衝突，模糊處理的方式此時就能發揮很大的影響效果。

另外一些矛盾衝突，則可暫緩解決，以等待更好的時機時再處理。

二、追求雙贏，用「三合一思維」解決矛盾

在社會中，不同企業，不同團體之間往往有各自不同的利益要求。若想在不同的企業之間建立起某種長久的關係，必須首先找到共同的理想、共同的目標。在此基礎

上，利益不同的雙方會發現更多的共同利益，並且願意為追求共同利益做出一定的個人犧牲。很明顯的事實是，欠缺共同目標的雙方會各自固守陣地，爭取各自的權益，彼此之間也缺乏信任。即使有一方向另一方妥協了，只是因為妥協的一方為另一方的壓力所征服。

在經濟社會中，如果兩個較弱小的企業共同面對一個強大的競爭者，它們會傾向於聯合起來，對付共同的敵人。但是這種聯合只是暫時的妥協，一旦強大的對手被擊敗，雙方的聯盟關係也將隨之解除。但是如果敵人一直頑強抵抗，這時雙方就會開始懷疑自己的妥協讓步是否值得。

如果敵人一直存在，雙方的聯盟遲早會因較強大一方的退出而解除。因此，僅僅是為了對付共同的敵人，而組成企業之間的聯盟是一種短視的做法，沒有太大的價值，共同敵人很難成為持久妥協和長期犧牲的良好基礎。

那麼應當如何解決不同企業之間的矛盾呢？答案是「為它們找到共同的目標」。因為，在相互對立的事物之間往往存在某個平衡點，這就是「第三角度」，也就是對立之間的平衡點。這個第三角度能為我們解決企業經營上的問題、提供很大的幫助。第三角度是「穿越危機所必經的蹊徑」。「三合一思維」則有利於我們找到「第三角度」。

「三合一思維」是在對立的雙方之間尋求某種解決彼此矛盾的調和方案的思維方式。由於最終得到的方案往往能使對立雙方處於平衡狀態，所以又稱為「三合一思維」。也可以理解為三合一思維的目標就是找到某個第三角度。

世間有很多相互對立的事物，如男性與女性、工作與休閒、生命與死亡。雙方之間存在著矛盾，一旦運用了三合一思維模式，便能解決它們之間的矛盾。人性的共通點使男女雙方共存於世，經由學習也可以將工作與休閒調和起來，生與死也不是絕對對立的，關鍵在於你是如何理解永恆的。

一個運用三合一思維的絕佳範例是法國大革命的名言：「自由，平等，博愛」，自由與平等是相互對立的，絕對的自由就不存在平等，絕對的平等也會妨礙人的自由，但是有了博愛，自由與平等就和平共處了。彼此相愛的人不會為自己的自由而侵犯他人同等的自由，也不會為堅持平等而妨礙他人的自由。

在許多國家，公寓住戶的停車問題最難解決，人人都認為自己和自己的訪客在公寓外停車是合情合理的事，如果別人的車停到自家的外面，就會很不高興，總是感到別人的車不僅妨礙視線，而且破壞了景致。有人曾嘗試了許多規劃，但沒能找到滿意的方式來解決這個難題。有一個聰明的人運用三合一思維方法：宣佈公寓四周嚴禁停車以護景觀，同時在離公寓有一段距離的地方，專闢一個公用的停車場，只要大家願意多花一點小錢把車停入停車場，就能解決了惱人的問題，而且增進了公寓周圍的寧靜和整潔。

在學習使用三合一思維時，必須改變一些過時的觀念：如妥協表明了軟弱、好律師勝過好協定、只顧眼前不顧未來等。應當改變的是「你輸我贏」的觀念，要改爲大家全都贏的新觀念。雖然可能有一方贏得較多，另一方贏得較少，但「大家都贏」總比一方受損要好得多。

三、自然和諧地與上級溝通，緩和與上級的緊張關係

☑減輕壞消息的副作用

向主管回報壞消息需要一定的技巧，最靠得住的方法就是「預防」。採取這種政策的第一步是預測將會有什麼壞消息，爾後你就可以設計各種途徑讓你的主管預感並得知不利的情況。

要注意，不能讓這些壞消息由你傳遞出去。達到這種目的最常用的手段叫做「管

理訊息系統」，它可以事先自動地顯示出上司需要瞭解的各種壞消息。應盡可能使你的上司具備這麼一個系統，並確保其能夠提供必要的訊息。

但有時總有那些不利的發展狀況需要透過個人傳達給上司，那麼以下三種方法可以減輕壞消息的副作用：

(1)降低壞消息的重要性，但必須有充足的理由。

(2)在彙報壞消息的同時也彙報好消息。

(3)提出切實可行的解決方案讓上司選擇。

但應該切記，若某消息對你自己極其不利時，應確保由你第一個向上司彙報。

☑向主管宣傳自己的好主意前要考慮周到

向上司宣傳自己的好建議時也要費一番心思。首先，你應該肯定你的意見的確是重要的；接著可以在你的朋友和同事中預演；可能的話，還可以請你的朋友加以指點，因爲你那自我炫耀的意見在別人看來也許一文不值，或它有某些小小的缺失，但無論如何，你應該儘量地讓別的人，而不是你的主管挑出這些瑕疵來。

另一個有用的步驟就是把你的思想記錄下來，縝密地把其全部特徵、可能的補救方法、涉及的困難以及你期望的效果一一羅列出來，上司就可以更爲清楚地認識你的建議。還有，當揭開問題面紗的時機成熟之時，你應當投其所好地把你的想法告訴上司，因爲他的想法和決定才是舉足輕重的。

☑巧妙阻止上司在錯誤思想指導下行事

假如你試圖阻止上司去做他想做的事，他往往會對你耿耿於懷，因此要妥善而巧妙地加以處理。在你著手之前，你首先應該肯定他這個主意或決定的確非常糟糕，接著應去摸清他究竟想做什麼，而且還要摸清他爲什麼要這樣做。情況明朗後，你就可以仔仔細細地去考慮這件事了。

整理、綜合、分析你所瞭解的一切資訊，下一步的任務才是謹慎而誠懇地提問，使他理解你的觀點，而不至於對你發火或對你有所戒備，並能給他更多的訊息，還能間接地向上司提出你對計劃或反對意見。

☑化解上司對你的不滿

首先應確信上司果真是看你不順眼，但不要過於敏感。假如你不再被委派許多事務，尤其是有挑戰性的任務，或不再被邀請參加與你職務有關所應參與的會議了，這時候你和上司的關係就有待改善了。

處理這些問題，第一步可以由你的良師益友或同事替你分析上司的想法，你也可以直接走到他面前說：「我不知道發生了什麼事情，您是否能解釋一下呢？」然後洗耳恭聽。當他講完後，你再說：「現在我對情況更加瞭解了，爲了解決我的疑慮，我想我們可以這麼辦……」要把焦點放在能夠改善關係的事務上，不要責備任何人，也不要提到任何有關導致危機原因的話題。你還可以把下一項任務做得特別出色，或去做一些沒有分配給你，但你知道上級很希望辦好的事情。

假如隔閡並不太深，你可以採用另一種策略，爭取自己到辦公室以外工作一段時間，在你和上級之間分開一段距離。這或許能改善暫時疏遠的情感，還可以改善正在惡化的關係。

☑積極與新的上司溝通

第一步，迄今爲止效果最爲明顯的一步，就是盡可能地去瞭解新上任的主管；第二步是準備一份個人簡歷（只需一頁），在他走馬上任時交給他，不妨利用全部你獲得有關他的情況來描繪自己；你也許還需要準備另一份闡明你工作和職責的簡短報告，還可以自然而然地幫助新任主管熟悉他現在管理的全部工作。

最後，無論你是多麼地厭惡原來的上司，也不要貶低他的價值。

四、主動承認自己的缺點

高階管理者要把自己擺在客觀的位置，解剖自我是爲了給自己更準確的定位。一個經理人切忌過於誇耀自己，以免遭到別人的挑剔。全心投入自己的構想創意之時，有時候會對自己的提案過於自信，這是任何人都可能會犯的錯誤。

主管會對於這種自誇之詞感到厭煩，而且願聽到大家對於內容空洞的提案展開激辯的人其實不多。除非是耐性十足的經理，否則就算他們擺出一付洗耳恭聽的姿態，實際上也是心不在焉；如果愈是拚命自我宣傳，所得的反效果愈大，只不過是讓對方更專心地去挑你的毛病而已。

對美國制定法令有所貢獻的人物中，有一位名叫班傑明•富蘭克林的政治家，他在費城舉辦的法令制定會議上，有一場精采的演說，而其中所談的內容到今天還值得參考。

由於美國是個多種族和多宗教的國家，所以會場上贊成與反對之間的爭辯相當激烈，而其中亦不乏情緒激動者的人身攻擊言論，整個會議眼看快要失控。身爲贊成派的富蘭克林準備上台演說時，反對派人士也不斷對他喝倒彩。

可是當他一開口說話，原本混亂的會場突然一片鴉雀無聲。富蘭克林的第一句話是：「各位，對於這個辦法，坦白說我自己也並非雙手贊成。」身爲贊成派首腦之一的他竟然說出這種話，反對派人士也著實吃了一驚，馬上停止了喝倒彩，進而仔細聆聽演說。

他慢慢地一邊觀察時機，一邊說道：「但是我也不能說自己是完全不贊成，我想大家應該都是和我一樣，只是對於一些小地方有不同的看法吧。在此就讓我們一起反省自己的想法是否真的完全沒錯，再共同簽下這份草案的同意書吧。」

經他這麼一說，反對派原本強硬姿態頓時軟化了，才促成了此條法令通過。

在我們平常的會議上，當出席的人分成反對和贊成兩派時，往往雙方都無法傾聽對方的意見。但是畢竟彼此都是成年人，即使在表面上裝出一付認真聆聽的模樣，其實根本滿腦子都在想著反對意見。也就是說，所有的爭辯從頭到尾都是爲了反對而反對。此時，激動地辯說著：「請聽我說完……」「我真正想說的是……」，想把對方壓制住的做法根本是白費力氣。

另外，「找機會說服」是邁向成功的捷徑，但是碰到無論如何都必須當場做結論時，寧可自己先退一步，讓對方聽自己想說的話。富蘭克林的說話技巧就是最好的例子。

坦白說出自己意見中的缺失或弱點，無疑是向對方暴露自己的破綻，如果處理失當，自身也有招致重大打擊的危險。會議上雙方爭辯不休，彼此互不信任時，主動採用這種說話技巧有助於恢復一定程度的信賴感。

五、講究平衡藝術，處理好人際關係

經理人接觸最多的就是人，正確處理人際關係對於經理人經營活動的成敗，有著重要的影響。經理人接觸的人多，因此需要處理的人際關係也比較複雜。這包括與上級的關係、與同級的關係、與下屬的關係和與外部單位的關係。在處理這些關係時，雖然有各自不同的要求，但都要遵循下列原則：符合道德觀念和規範、擔任正確的角色、平等謙讓、團結互助、誠實守信。

然而並不是說遵循了上述原則，就不會出現人際關係的障礙了。有管理學者分析調查列出了以下人際關係中的不良現象：不尊重他人的人格、忽視別人的處境和利益、企圖操縱或驅使他人、不誠實地處理問題、取悅上司、欺上壓下、過分依賴別人、妒忌和打擊競爭對手和上級、疑心重、誇大成績，批評過於嚴厲、內向孤立、偏見、不友好，愛報復、過分苛求、受人挑唆。這些障礙都會有程度地影響你與他人的關係。

如果你擁有這些缺陷，一定要克服改正。

關於人際關係的協調，美國社會心理學家紐科姆提出了「A－B－X」的模式，以此來表示人與人之間的關係不僅是由彼此之間的交往決定的，而且往往牽涉到第三者。A是一個認識主體，B是另一個認識主體，X是第三者，或人或物。他認爲，A與B對X的態度是否一致，對他們之間能否形成協調的關係有著重要作用。若態度一致，則關係協調而平衡；若不一致，則A、B之間的關係則不協調、不平衡。因此在人際交往中，要講究平衡技巧，不是無原則的到處討好，而是爲了團結更多的人，以發揮各方面的積極性，爲實現企業的利益服務。

在對外交往中，禮貌具有親和力，而壓力則會在對方思想上產生排斥力。在談判活動中，只要有禮貌，即使給對方施加壓力，這種壓力也不會給人有「要挾」之感。禮貌和壓力是兩種力的平衡，有了這種平衡，壓力就成了加了「安全裝置」的動力，會促進分歧的解決。經理人要善於運用這種企業中的「外交平衡」。

在企業內部則應在公正平等的基礎之上建立平衡，反對以強欺弱、以大壓小的平衡。前者是牢固的，有益於增進凝聚力，後者是不可靠的，會加劇企業內部的矛盾和衝突。傑出的企業家都注意與員工的溝通，以利企業內部的平衡。

企業內部關係要處理得好，達到平衡狀態，就要實現平衡空間的等距性、平衡利益的可容性和平衡心理的可接受性。在處理利益衝突時要盡可能同中存異。在解決心理矛盾時，要使各方在心理上能夠接受。這樣才不致破壞原本融洽的人際關係。

六、與人有效率地合作

淵博的學識和不斷的創新，是事業成功的基礎。高級管理者的自我塑造同樣引人注目。然而，若要把一個概念變為成果，無論是偉人還是凡夫，都無法一個人實現。與人合作得是否愉快且有成效，完全取決於你與人相處的能力。

以下十二項準則是美國大企業總經理傑克・勞倫斯對自己一生的總結。

☑讓部屬感到自己對你很重要

幾年前，有人向勞倫斯學到一個信條，他說在每個人脖子上都有個無形的胸卡，上面寫著「讓我感到我的重要。」這句話揭示了與人相處的關鍵所在。其意思是說我們每個人都要求得到承認，人都有情感，希望被喜歡、被愛、被尊敬，要求別人不把我們看作是個機器人。

☑叫出別人的名字

給人親近感的最好方法就是以名相稱，特別對那些和你沒有工作上來往的人。在公司裡，一聲「早安」再加上人名（伴隨著微笑），會縮短你們之間的距離。能被叫得出自己名字的人會有這樣的感想：「哇！我們工程部副主席居然認識我。他叫了我的名字。我只是技術中心裡的小人物啊！」

☑親臨現場

親臨現場是高效管理的一個好辦法。首先，應知道誰在工作。

總經理傑克喜歡去工廠向工人們請教。工人們很驕傲地描述他們的工作，顯示他們的技藝。傑克學到了許多在辦公室裡學不到的東西。另外，它給傑克提供一個學習人們自身，甚至是工作以外的有益事物的機會。

傑克瞭解他們的業餘愛好和家庭、他們的問題和長遠打算。反過來，傑克也把自己的事告訴他們，更重要的是，他結識了除辦公室以外的人。

☑實現真正的寬容

寬容是容忍我們不同意的事。

舉一個例子，你的助手擬定設計一份時間表，他正在與材料試驗室、工藝部門和試驗部門打交道，以求得結果。但是，你知道找工藝部門根本沒用，過去，他們只會提出問題而不能解決問題。即使這樣，你是不是在責備他之前，保持冷靜，讓他提出一個經過試驗的最終計劃呢？

☑一分鐘經理

實現真正的寬容要按某種方式和同事工作。「一分鐘經理」就是這種方式的簡單化解。它要求所有的人都制定自己的工作目標，即每個人都積極參加自己目標的制定過程。一旦開始實施，人們就要知道做什麼、怎樣做。如果執行得不好，如拖拉、怠慢，你就應及時向有關責任者指出，切不可閒置著不處理。

☑表現人性的一面

最有助於老闆、同僚和下級交流及理解的兩種方式是：第一，有錯認錯；第二，公開批評自己。一旦犯了錯誤，就馬上承認。傑克以前的老闆對他說過：「如果你犯了錯誤，必要時自己走上斷頭台讓人家砍頭好了，通常大家會諒解的。」另外，幽默感和自嘲是很有益的，它表明你是一個普通的人，而不是老頑固。幽默感常能使你擺脫尷尬局面，化干戈爲玉帛。

☑瞭解和信任員工

經常聽人這樣談論老闆和公司：「我要應付那些我不願做的事。爲什麼一定要替那個討厭的主管工作。老闆一點也不瞭解我、信任我。」

傑克的信條是，「我的工作永遠要使老闆滿意」，在傑克的事業生涯裡，傑克發現盡可能地不斷付出，而不尋求馬上報答，會使傑克得到比酬勞更重要的東西，這就是信任。

☑助人發展自我

這是完善人性的另一個熱門理論。我們在某方面培訓人才時，實際上，就是在更大的範圍內為他們打開了機運的大門，以開發他們還未利用的能力、技巧、資質和智慧，讓人們超越自我成為可能。你給人一項任務，他在完成時，運用了新發現能力，這樣你就幫助了他發展自我。你和他共用其樂趣。

反過來，也使其增強了自信心，以便今後在前人沒走過的路上迎接更大的挑戰。如果他跌倒了，你就去指導他，使他能重新爬起來，鼓勵他克服第二次失敗的恐懼。

☑把參加管理發展為共同佔有

作為一個上司，不論多麼聰明和富於創造，不可能每件事都能面面俱到；而團體的智慧才是取之不盡、用之不竭的。在制定計劃時，向每一個參加者灌輸占有意識。而且，一個領導者必須適應一個生氣勃勃的團體，不是壓制它，不能要求員工買你個人的帳。

☑你所愛的人也是普通人

在工作方面，傑克認爲是寬容的、理解的。他可以諒解因不慎而出現的差錯。在家裡，和妻子、孩子則不盡如此。幾年前，他找到了原因：他把所愛的人偶像化了，他要求他們盡善盡美。花了很長時間，他才認識到，他的家庭成員和其他人一樣，都是普通人，他們不可能做得更完美。

☑傾聽——只說不聽無法學習

不知你注意了沒有，當和別人交流時，如果總是自己在說話，你的學習機會是有限的。只有在創造性地傾聽時才能學到。因而，讓別人說、給人以表達的機會，傾聽他們的意見、悲傷和情感。

☑切忌猜疑

有句俗語說，「猜疑把你我都變成蠢驢。」然而，我們還是經常推斷別人的反應和行爲。我們常以爲事物是不變的、人是不變的。

有時，我們根本觀察不到與過去情況發生了微妙的變化，而這引起變化可能促使人們採用過與過去不同的行爲方式。

總之，與人相處有十二項準則，並不是希望你成爲應用這些準則的楷模，但必須不斷地學習應用。

「能與人相處得好」，這項人生中最重要的品質，不是生來就有的，同時，從現在做起也不會太慢。缺少和別人的和諧關係，就算有了知識、智慧和財富，也毫無意義。

爭論、批評和說服

♠有效地說服別人的技巧

第一節 有效說服的技巧

一、要說服對方，必須先透徹瞭解對方的意見

「知己知彼、百戰百勝」這句話，是很有道理的，戰爭如此，說服他人也必須如此。在說服對方之前，必須透徹地瞭解被說服者的相關背景與思想，以便有效地進行說服工作。

瞭解的內容主要有：

☑瞭解對方性格

不同性格的人，對接受他人意見的方式和敏感程度是不一樣的。如：是性格急躁的人，還是性格穩重的人；是自負又沒有內涵的人，還是有真材實料又很謙虛的人。掌握了對方的真實性格，就可以按照他的性格特徵，有效地進行說服工作。

☑瞭解對方的長處

一個人的長處就是自己最熟悉、最易理解的領域。就像有人對部隊生活熟悉，有人對農村生活比較熟悉，有人擅長於文藝，有人擅長於語言，有人擅長於交際，有人擅長於計算等不同專業領域。

在說服人的時候，要懂得從對方的長處著手。第一，能和他談得來；第二，從他所擅長的領域裡開始話題，使他容易理解，便容易說服他；第三，能將他的長處作爲說服他的一個有利條件，如說服一個伶牙利齒、善於交際的人，分配他擔任做推銷工作時可以說：「你在這方面比別人更具有才能」，「這是發揮你潛在能力的一個最好機會」，這樣的說詞既有道理，又能表明領導者對他的信任，還能引起他對新工作的興趣。

☑瞭解對方的興趣

有人喜歡繪畫，有人喜歡音樂，還有人喜歡下棋、養鳥、集郵、書法、寫作等，人都喜歡從事和談論自己最感興趣的事物。從這方面著手，打開他的「話匣子」，再對他進行說服，便較容易達到說服的目的。

☑瞭解對方的其他想法

一個人堅持某種想法，絕不是偶然的，他必定有自己的理由，而且他講的道理一般而言都符合自己的需求。但這常常不是他的真實想法，他的真實想法怕說出來被人瞧不起，難於啓齒。如果領導者能真正瞭解他的「苦衷」，就能有效地加以解決。

☑瞭解對方當時的情緒

一般而言，影響對方情緒的因素有：

⑴談話前對方因其他事情所造成的心緒仍在起作用。

⑵談話當時對方的注意力正集中在其他事情。

⑶對說服者的看法和態度。

所以，說服者在開始說服之前，要設法瞭解他當時的思想動態和情緒，這對能否說服對方，是一個重要的環節。

凡此種種，你都要悉心研究，才能夠有方向性地採取你說服的方式。瞭解對方是很有學問的，許多人無法說服別人，是因爲他沒仔細研究對方，不懂用最適當的表達方式，就急忙下結論，還以爲自己能「一眼看穿了對方」。這就像那些粗心的醫生，對病人病情不瞭解就開了藥方，當然沒有不碰釘子的。

二、掌握說服的原則

一個懂得說服的人應掌握以下說服對方的原則：

☑要找到被說服者的需要和動機

因爲人的任何行爲都會有一定「動機」，而「動機」又是由「需要」決定的，所以要做好說服工作，就先要找到對方的需要和動機。

☑利益在先，道德在後

這即是「利益原則」，不管談論的內容爲何，要想說服人，就應該有意識地把對方的「個人利益」優先考量，並利用對方的利益分析道理，這樣才能產生好的說服效果。因此，說服的「利益原則」，應該是做好說服工作的起點和目的。

☑留有選擇權

不管你的權威多大，人們都不喜歡被強迫，這就是人保護自身安全的防衛心理。所以，第一、要給人有選擇結果的餘地。領導者可以指明方向、執行的條件，但要由對方自己去選擇行爲的結果。

第二、即便是我們在給人們建議選擇結果，也應該造成是人們自己在選擇自己想要的結果的心理，以免讓對方有「被牽著鼻子走」的錯覺。當然，這就是一種領導藝術。

三、說服的基本方法

有些人想要說服別人時經常會犯的錯誤，就是在事前先想好幾個理由，然後去和對方辯論；還有的人則是站在長輩的立場上，以教訓人的口吻，指點別人該怎麼做。這樣一來，就是等於先把對方推到錯誤的一方，因此，說服的效果往往不好。說服人的方法和技巧很多，以下介紹幾種是比較實用和簡便的方法：

☑用高尚的動機激勵對方

在一般情況下，每個人都有崇高的道德、正派的做法，都有基本的政治領悟和做人道德。所以，在說服他人轉變看法的時候，一個有效的辦法就是，用高尚的動機來激勵他。比如說這樣做將對國家、公司帶來什麼好處，或將對家庭、對子女帶來什麼好處，或將對自己的威信有什麼影響等等。這樣的激勵動機往往能夠很好地啓發他，讓他做應該做的事。

☑用熱忱的感情來感動對方

當說服一個人的時候，他最擔心的是可能要受到的傷害，因此，在想法上先築了一道牆，將你的說詞全都拒絕在外，在這種情況下，不管你怎麼講道理，他都聽不進去。解決這種心態的最有效的辦法就是，用誠摯的態度、滿腔的熱情來對待他，在說服他的時候，要用真誠來感動他，讓他內心受到你的真誠感動，進而改變自己的態度。

☑透過交換訊息促使對方改變

實驗證明，不同的意見往往是因爲掌握了不同的訊息所造成的。有些人學習不夠，對於一些問題也不了解；也有些人習慣以往的做法，對新的做法不瞭解；還有些人道聽途說，對某些事情有誤解等等。在這種情況下，只要能把訊息傳給他，他就會覺察到行爲不是像原來想像中的那樣子，進而採納領導者的新主張。

☑激發對方主動轉變的意願

要想讓別人心甘情願地去做任何事，最有效的方法，不是談論你所需要的，而是談論他需要的，教他怎麼去得到。所以有人說：「激起對方的急切意願，能做到這點的人，世人必與他同在；不能的人，將孤獨終生。」

探察別人的觀點並且在他心裡引起對某項事物迫切需要的慾望，並不是指要操縱他，使他做只對你有利而不利於他的某件事，而是要他做對他自己有利，同時又符合你的想法的事。

這裡要掌握兩個環節：一是說服人要設身處地的談問題，要把別人的事當作彼此互相有利的事來加以對待；二是在促使他行動的時候，最好讓他覺得不是你的主意而是自己的主意。這樣他會比較有認同感，會更加主動和積極。

☑用間接的方式促使對方轉變

說服他人時如果直接指出對方的錯誤，對方常常會採取自我防守的姿態，並竭力爲自己辯護，因此，最好用間接的方式讓他瞭解應改進的地方，進而讓他達到轉變的目的。間接的方法有許多種，例如，把指責變爲關懷；用故事的比喻來加以規勸；避開實質問題談相關的事；談別人的或自己的錯誤來啓發他；用建議的方法提出問題等等，這就要靠領導者根據實際情況創造性地加以運用。

☑提高對方「期望」的心理

被說服者是否接受意見，往往和他心目中對說服者的「期望」心理有關，說服者如果威望高，一貫言行可靠，或者平時和自己感情好，覺得可以信賴，就比較願意接受他的意見，反之，就有排斥心理。所以作爲領導者，平時要注意多與部屬交往，和他們建立深厚的感情，這樣在工作的時候，就能變得主動有力。

四、區別對象和情況，採用靈活方式批評

不同的人對於同一個批評，會有不同的心理反應，因為不同的人，性格與修養都是有差別的，通常可以根據人們受到批評時的不同反應將人分為遲鈍型反應者、敏感型反應者、理智型反應者和較強個性型反應者。

反應遲鈍的人即使受到批評也滿不在乎；反應敏感的人，感情脆弱、臉皮薄、愛面子，受到斥責則難以承受，他們會臉色蒼白、神志恍惚，甚至會從此一蹶不振，意志消沉；具有理智的人在受到批評時會感到很大的震撼，能坦率認錯，從中汲取教訓；具有較強個性的人，自尊心強，個性突出，遇事好衝動、心胸狹窄、自我保護意識強，心理承受能力差，明知有錯也死要面子，受不了當面批評。

個性不同的人要採用不同的批評方式，對自覺性較高者，應採用啓發作自我批評的方法；對於思想比較敏感的人，要採用暗喻批評法；對於性格耿直的人，採取直接批評法；對問題嚴重、影響較大的人，應採取公開批評法；對思想麻痹的人應採用警示性批評法。在進行批評時應避免使用單獨一種方法，切勿用同一種說服法對待所有的人，應靈活掌握批評的方法。

正確的批評要求細密周到、恰如其分，普遍性的問題可以當面進行批評，對於個別現象就應個別進行。另外，也可以事先與之談話，幫他進一步認識現狀，啓發他進行自我對照，使他產生「矛頭不集中於『我』」的感覺，主動在「大環境」中認錯。另外，還要避免粗暴批評態度或語氣。

對部屬的粗暴批評不會產生很好的效果，員工聽到的只是惡劣言語，而不是批評的內容，他們的心中會充滿不服氣和哀怨。這就使其產生反抗心理而不利於問題的解決。

要學會運用「批評加表揚」的策略，防止只知批評不知表揚的錯誤做法。在批評時運用表揚，可以緩和批評中的緊張氣氛。可以先表揚後批評，也可先批評後表揚。

批評時應該使用委婉、隱蔽、暗喻的方式，由此及彼，用弦外之音，巧妙表達本意，揭示批評內容，引導對方加以思考而能夠領悟，萬萬不可直截了當地說出批評意見，更切忌開門見山直接點出對方要害。

在批評時，可以運用多種方法：

(1) 透過列舉方式，分析歷史人物或現代知名人物的錯誤是非，暗喻其錯誤。

(2) 透過分析正確的事物，比較其錯誤。

(3) 還可採用故事暗示法，用生動的形象增強對被說服者的感染力。

(4)笑話暗示法，透過一個笑話，使他認識錯誤，要既有幽默感，又使對方不至感到尷尬。

(5)軼聞暗示法，透過軼聞趣事，使他聽到批評時，受到影射作用，也易於接受。

總之，透過提供多角度、多內容的比較，讓人反思領悟，進而自覺愉快地接受批評，改正錯誤，這才是我們所關心的問題。

對於十分敏感的人，批評可採取不露鋒芒法，即先承認自己有錯，再批評他的缺點。態度要謙虛，謙虛的態度可以使對方的牴觸情緒很容易消除，使他樂於接受批評。例如，可以對人這樣批評：「這件事你處理得不對，以後要稍加注意了。不過我年輕時也不懂，因爲經驗少，所以出過很多問題，你比我那時強多了。」

有時一些問題一時未釐清，涉及層面較廣或被批評者尚能溝通領悟，則批評更要委婉含蓄。先表明自己的態度，讓部屬從模糊的語言中發現自己的錯誤。但是，也不能一概而論，對嚴重的錯誤，應當嚴厲批評。

另外對於執迷不悟者和經常犯錯誤者，都應作例外處理，不管是強力要求對方改正錯誤，或是不再錄用對方都是不得已的下下策。

五、最有效的說服策略

管理者要能成功說服別人，最有效的策略是什麼呢？以下有幾種方法可以參考。

☑注重感情

人是十分珍視感情的，在人與人的接觸和交往中，感情的作用就十分重要。在說服人的時候，首先要創造平和、溫暖或是熱情、誠懇的氣氛。有人說，再雄辯的哲學家也不容易去說服不願改變看法的人，唯一的手段是先使他的心變軟。其道理就在這裡。在說服物件牴觸情緒比較重的情況下，先讓對方能「發揮」一下是對的。

發揮不只是情緒的宣洩，而且，可以讓他們在原來的路上往前走得更遠。這時，因為事情已經過火、過頭，也因為走得越遠，錯誤越容易暴露，他們自己便會意識到自己的錯誤。這樣一來，他自己就把自己說服了。

☑先順後逆，先退後進

在心理學中有個「名片效應」，是說與人接觸，先要向對方介紹自己的情況，讓對方瞭解自己，取得信任。心理學還有個「自己人效應」，是說與人接觸，要取得對方的信任，就應該先讓對方認定你是他的「自己人」。我們採用這種先順服後逆境的說服方法，確實可以消除對方的對立情緒，拉近雙方的心理距離，引出認同感。

當雙方對立的時候，站在對立的觀點、先認識再說服雙方，就很難收到效果了。但是，你換一下思維的角度，取其可取之處加以肯定，先轉化對方的心理和情緒，然後再進行理性說服，這就容易有效果了。

先退後進的方法是指要先按被說服者的思維路線和行爲途徑往前推，一直推到錯誤處，以此得出結論——此路不通。這樣，站在對方的思想和行爲的角度去說服他，就容易被接受。

☑激發動機

美國的門羅教授提出了激發動機的五個方法。一、引起對方的注意，主要是要善於提出問題；二、確實你需要什麼，把說服條件引到他自己的問題上；三、告訴你怎麼解決，拿出具體的解決辦法；四、指出兩種前途，即不同的兩種結果；五、說明應採取的行動，這便是結論。這種方法實際上也是站在對方立場上，說服對方，是從對方的動機出發，先在動機上尋求一致點，再同中求異。

☑尋找溝通點

這即是如何引起對方注意、善於提出問題。實際上，無論在心理上、感情上，還是在生理上，我們都可以找到雙方的共鳴之處，即溝通點。共同的愛好、興趣，共同的性格、情感，共同的方向、理想，共同的行業、工作等等。這都是很好的溝通媒介。

其實對方哪怕是向我們這方邁過一小步，他們的立場、態度、認知，都會發生顯著的變化。

☑歸納法

這是提供多種事實，讓對方自己去分析、歸納的方法。對有對立情緒的人，採用只提出事實，不給結論的方法，容易被接受。

☑對比法

擺出正反兩個方面的事實，讓對方自己去判斷是非曲直，或讓他們跟著我們一起去判斷對錯。這也是一種好方法。

☑交換立場法

我們站在對方的立場上，或使對方站在我們的立場上。這樣容易相互理解、體諒。

☑以大同求小同

在具體問題上發生分歧，把問題停留在具體問題上，事情往往不好解決。如果把這個問題挪到相關的，如目標、理想，這樣的高層次上，我們就容易找到共同點。自然，有共同點，又是一大共同點，方向、看法一致，也就好辦了。

☑興奮點

就是利用人們的關心、關注的性格特質，以及會引起人們興趣、興奮的事情，把這些事情和我們要說服的事情聯繫起來，以此激勵、刺激人們的理性、心理，以便獲得說服的效果。這需要說服者動動腦筋，努力尋找那些能讓人產生興趣的事情。

☑權威的數字

心理學有個「權威性偏見」，是對權威產生過分崇拜的評價性偏見。人們聽到、看到權威的事，往往是抽象的東西，並不瞭解它的實際意義，所以會產生盲目性。

問題是，人們並不是很清楚這點。你用權威的話說，人們就信服：你拿出權威的數字，人們就很少提出質疑。這樣，在一定的條件下，適當引用權威的語言或資料，也能達到說服的作用。比如，「事故多發地段，請注意安全」和交警提醒您：「這裡一個月有三人死於車禍中」顯然，後者的作用會大得多。

管理學上有一句名言：「拜訪客戶五次，他就會購買。」這句話是指推銷商品而言。平常的說服也是這樣，鍥而不捨，不斷談心，或不斷灌輸，這也會有效果的。不間斷的說服，這即是一種表示，又是一種願望，還是一種壓力，一般人是很難抵禦的。

說服別人的關鍵和步驟

一、說服別人的關鍵在於「耐心」

☑要有長期做說服工作的準備

如果你的觀點是對的，一時之間說服不了對方，你很可能會犯了過分心急的毛病。當然，如果對方聽了你的言詞後，而立刻點頭叫好，改弦易轍，並稱讚你是「一言驚醒夢中人」。這自然是令人雀躍的結果。

不過實際上，這種情況並不多見。一個人的看法、想法、做法，不是一朝一夕就形成的。俗話說的好，所謂「冰凍三尺，非一日之寒」因此，要對方改變看法也絕非一蹴可幾。相反的，即使對方當時表現出心悅誠服的樣子，你還要讓他能回去好好考慮。因為一個人的觀念通常是根深柢固的，雖然你當面說服了他，但難保對方回去仔細思考後，可能還有不同的見解或質疑。

如果真是如此，千萬不能認爲對方是「當面說一套，背後做一套」的僞君子，因爲這是每個人思考必經的一個過程。正確的做法應該是：第一要耐心，第二要耐心，第三還是要耐心。當你無法說服對方的時候，甚至被對方諷刺一番後，不要生對方的氣，更不能生自己的氣，「算了，管這種閒事做什麼？」有這種想法是消極且沒有助益的。

你要有長期做一名說客的準備。對於「成見」這件事，應該具有長期對抗的心理準備。建議你先逐步解釋一些細節和重點，滴水穿石，「成見」就會漸漸消除了。

你還應當擴大你的說服陣容。有時候，對方很難被你說服，但他身後存在著一些看不見的力量，被人慫恿幾句，想法就會動搖。所以，你面對的可能不是一個人，而是一群人，有鑑於此，你應當從各方面增加自己說服的力量。例如，你可以介紹對方一些有益的書籍、好看的電影，也可以找一些與你見解相同的人一起幫你作說服工作。經由一系列的方法，不但從各個角度幫助對方，對你也是一種成長，因爲你也從多種不同角度的工作中提高自己的見識。

「說服」與「批評」之間，既有相似相通之處，又有相異相悖之處，他們是兩個有部分交叉重疊的相似物。

說服與批評，都是企圖改變他方的思想。批評常輔以說服，所以批評離不開說服；說服有時也帶有批評語氣，但說服不一定都帶批評的本意。如推銷產品時，一般都是向對方講好話，極少有批評顧客或是買主的。

一個常常被批評的人，一般都有些顯而易見的缺點、錯誤，批評的目的就是爲了幫助對方改正。爲了說服別人接受你的主張，總是或多或少能給對方帶來一定的好處。說服的過程，就是宣傳種種好處，令對方信服自己的觀點。被說服者不一定有什麼缺點、錯誤，他放棄自己的主張轉而接受你宣傳的主張，不一定有對或錯的分別，可能只有「能否做的更完美」的程度差別而已。

批評的態度較嚴肅或嚴厲，說話的語氣也較重、較強硬；說服的態度較溫和，說服的語氣也較輕、較委婉；批評的話語，貶損之詞多於褒獎之詞，否定之詞多於肯定之詞。說服的話語，褒貶皆可；根據說服的物件與內容的不同，有時褒多於貶，有時貶多於褒。

如果進一步仔細分類，說服還可以再分爲批評性說服與讚美性說服兩類。「接受批評」可能會屬於自覺自願，也可能多少帶點勉強的意味。「接受說服」則完全是自覺自願，不帶任何勉強。

在民主社會下，解決糾紛的主要方法，說服多於批評、協商多於命令，其結果是人際關係和諧，人心團結向上，社交往來活躍，反之，則人際關係緊張，人心貌合神離，社交生活充滿衝突。雖然說服與批評皆不可少，但希一切社交場合，說服要多一些，批評要少一些。遇有矛盾分歧，盡可能多採用「說服」的手段。

☑說服別人要循序漸進

(1)想要讓對方同意你的意見，第一步就是要設法先瞭解對方想法的來龍去脈。曾經有一位很優秀的管理者這麼說：「假如客戶很會說話，那麼我已有希望成功地說服對方，因對方已講了七成話，而我們只要再說三成話就夠了！」

事實上，很多人爲了要說服對方，就精神十足的拚命地說，說完了七成，只留下三成讓客戶「反駁」。這樣又如何能順利圓滿地說服對方？所以，應儘量將原來說話的立場改變成聽眾的角色，去瞭解對方的想法、意見，以及其想法的來源或憑據，這才是「說服」時最重要的技巧。

(2)先接受對方的想法。例如，當你感覺到對方仍對他原來的想法保持不變的態度，其原因是尚有可取之處，所以他反對你的新提議，此時最好的辦法，就是先接受他的想法，甚至先站在對方的立場發言。

「我也覺得過去的做法還是有可取之處，確實令人難以捨棄。」先接受對方的立場，說出對方想講的話。爲什麼要這樣做呢？因爲當一個人的想法遭到別人一無是處的否決時，極可能爲了維持尊嚴或咽不下這口氣，反而變得更倔強地堅持己見，排斥反對者的新建議。若是說服別人其結果是這樣的話，成功的希望就不大了。

某家庭電器公司的推銷員挨家挨戶推銷洗衣機，當他到一戶人家裡，看見這戶人家的女主人正在用洗衣機洗衣服，就說：「唉呀！這台洗衣機太舊了，用舊洗衣機是很費時間的，該換新的啦……」

結果，不等這位推銷員說完，女主人馬上產生反感，駁斥道：「你在說什麼啊！這台洗衣機很耐用的，到現在都沒故障過，新的也不見得好到哪裡去，我才不換新的呢！」

過了幾天，又有一名推銷員來拜訪。

他說：「這是令人懷念的舊洗衣機，因爲很耐用，所以對您有很大的幫助。」這位推銷員先站在女主人的立場上說出她心裡想說的話，使得這位女主人非常高興，於是她說：「是啊！這倒是真的！我家這部洗衣機確實已經用了很久，是太舊了點，我倒想換台新的洗衣機！」於是推銷員馬上提供自己公司的新產品型錄讓她參考。

這種推銷說服技巧，確實大有幫助，因為這位女主人原來的主張已被動搖，而產生購買新洗衣機的慾望了。至於推銷員是否能說服成功，無疑是可以肯定的，只不過是時間長短的問題罷了。

善於觀察與利用對方微妙心理，是幫助自己提出意見並說服別人的要素。

一般來說，被說服者之所以感到憂慮，主要是怕「同意」之後，會不會發生意想不到的後果，如果你能洞悉他們的心理癥結，並加以防備，他們還有不答應的理由嗎？至於令對方感到不安或憂慮的一些問題，要事先想好解決之道以及說明的方法，一旦對方提出問題時，你可以馬上說明以減低對方的疑慮。如果你的準備不夠充分，講話的態度可能模稜兩可，反而會令人產生不安與不信任的錯覺。

所以，你應事先預想一個引起對方可能考慮的問題，此外，還應準備充分的資料提供給對方參考與驗證，這是相當重要的。

(3)讓對方充分瞭解說服的內容。有時，雖然有完美的計劃，但在向對方說明時，對方無法完全瞭解其內容，他可能馬上加以否定。另外還有一種情形是，對方不知我們說什麼，卻已先採取拒絕的態度，擺出一副絕對不會被說服的模樣；或者是先入為主地排斥。

如果遇到以上幾種情形，一定要耐心地一項項按順序加以說明，務求對方瞭解我們的真心誠意，這是說服此種人要先解決的問題。如果這樣對方還無法完全瞭解我們說服的內容，千萬不可意氣用事，必須把自己新建議的重要性及其優點，讓對方徹底瞭解，讓他確實明白。

舉一個例子加以說明，假如你意圖說服別人，當第一次不被接受時，千萬不可意氣用事地說：「說也是白說！」「講也講不通！真是浪費唇舌。」一次說服不了就打退堂鼓，這樣是永遠沒有辦法成功的，唯有再接再勵才有第二次說服的機會，也才有機會成功。

二、有效說服別人的四個步驟

美國一位心理學家總結了有效說服別人的四個步驟，他是從「滿足對方的需要」的角度做分析，這四個步驟分別是：

☑揣摩對方的需要和目標

透過問答式導引，可以引導被說服的一方發現問題的癥結所在，也可以引導他們提出解決問題的方案。因此，「如何提供一個好的問題」，也是相當重要的技巧。

伏爾泰說：「判斷一個人憑的是他的問題，而不是他的回答。」確實，問題提得好，乃是高明說客的一項標誌。

這類問題，有助於人們整理自己的思想和感受，也正是透過問題式的問答，使得你對別人的需要、動機以及正在擔心的事情能有相當深入的瞭解，有了這樣的答案，他人的心靈大門也就自然而然很容易對你敞開了。

要想有效地運用提問題的技巧，你還得注意以下三個重要事項：

(1)清晰化：如何問問題一般是根據對方的講話內容而發問的。事實上，這類問題的內容不外是：「我已聽到你的話，但我想確認一下你的真正意思……」以「清晰化」為目的的問題是反饋的一種形式，它可以使說話的人意思變得更加明瞭。

(2)將問題加以擴展：你提問題的目的就是想知道更多的訊息，比如對方優先考慮的事情是什麼。事實上，你這樣的問題就等於告訴對方：「我瞭解你的意思，但我想知道得更多。」

(3)轉移話題：有一類問題在轉移話題時很有用，就是轉移式的問題，在你這樣問問題的時候，你實際上是在說：「我對你這方面的想法已很清楚，讓我們換個話題吧。」透過這樣的問題，就容易順水推舟地改變話題至你想導引的主題上。因此，對方的回答會使問題不斷擴展下去，但擴展到一定程度，你就得用轉向問題去改變話題。

你的見解要與他人的需要、願望、目標相結合，要時時注意從別人那裡得到回饋，這樣你就會成爲一名強而有力的說客。時時揣摩那些問題，不斷促使他人顯露他那個問題需要解決，他那個「可是……」的語氣就是等待你來解決，這才是最重要的第一步。

☑提出並選擇解決辦法

通常當你試圖說服他人的時候，你會發現事實上存在著多種解決問題的辦法。於是，在多數情況下，你就會與對方一同著手尋找縮小問題的途徑。如果是大家一起商量出了解決的辦法，那麼對方就不會袖手旁觀，而你也就用不著獨自苦思冥想，用不著把自己的想法費盡口舌硬塞給對方。

比方說你是一個房地產推銷員，你也許能夠用大房子去滿足對方家庭生活的需要，但在「購物」和「孩子上學」這兩個問題上卻碰到了麻煩；或者你也許能滿足所有這一切要求——包括購物和上學——但在「價格」上又遭受難題。但是，如果事先你與顧客有個商量，對他們計劃中的首要事項和迫切需要解決的問題，你心中都有數，那麼像上述一類的難堪局面就可以避免。

如果你把某些人召集起來，試圖改變他們的關係，或者你已經激起對方的興趣，這時候，你千萬不要明白的指示對方該如何做。相反地，你可以問他們一些問題，比如「這樣做是否滿意？」或「您覺得哪些做法能改善這些問題？」

這一切，都有助於說服者與被說服者雙方建立相互尊重、相互信賴的人際關係。信賴，按照心理管理學學者戈登・薛的說法，乃是「有秩序生活中的奇蹟的因素，是減少摩擦的潤滑劑、游離分子的粘合劑、互助行爲的催化劑。」關鍵在於，你需要讓對方知道，這事也有他的一份；你不能對對方進行強迫和壓倒性說服，強迫別人照你說的去做，可能會一時奏效，但從長時間去看，你會得不償失。

☑建立實施方案

如果你做的是簡單的推銷，一句「是」或「不是」就解決問題，此外更無須再費什麼口舌，那事情當然好辦。但如果問題種類繁多，事情要分階段分步驟去做，那你們就得在方法上取得共識。

就拿醫生來說吧，他們常常抱怨說，病人之所以恢復得不好，是因爲他們並沒有完全遵照醫生的囑附去做。一旦他們感覺症狀好了一些就會停止服藥或醫療，甚至在有醫生叮嚀的情況下，病人有時也會我行我素，事後仍舊抱怨症狀復發。

作爲一名醫生，他得把病情和藥效這方面的問題跟病人講清楚。比如，咽喉疼痛的症狀，使用抗生素後兩天就可以緩和下來，但作爲醫生，他也應該告訴病人，幾天內病菌可能仍然殘留著，還是要多休息、多喝溫開水、少吃冰冷飲料等，病人明白這點之後，才會注意遵照執行。

就某些人而言，你的觀點、你的產品和你的目標都不錯，但可惜都不在他們優先考慮事項之列。此時做到知己知彼就很重要。你爲什麼覺得那樣做有價值？對此你越是解釋得好，你就越能撥動他人的心弦。而且，要想說服別人，你還得幫助對方把那些他們認爲最有價值的優先事項整理出來。

在剛剛談到過的揣摩階段，是你調查他人優先事項的絕好時機。只有這樣，你的觀點、產品和目標的內在價值，才能與顧客的優先考慮事項相互適應和相互配合。

☑反覆衡量，確保成功。

美國加州矽谷，在眾多高科技公司激烈競爭的地方，流行著這麼一句格言：「衡量不了，也就掌握不住。」那些電腦公司的老闆們也總是這麼說，高科技領域瞬息萬變，做到眼明手快相當重要，你要毫不遲疑地抓住那些訊息和資料。

這點，對談判與溝通而言，也是一個重要啓示。事實上，一個長時間困擾著人們的真正的疑問是，對於未來之事人們往往沒有固定的看法，人們常常超出自己的預期。所以，你首先應該做的就是幫助這些人弄清楚產品成功之處，投資了多少？使用壽命有多長？保固年限是多少？將這些專業性問題的答案數字化，要儘量說得具體、易懂些。

只有等到對方點了頭之後，你的說服和影響工作才算是完成了。作爲說服工作的第四步，就是要與對方經常保持接觸，直到弄清楚他們需要什麼，他們怎樣看待問題爲止。

談判與溝通

（讀品讀者回函卡）

■ 謝謝您購買這本書，請詳細填寫本卡各欄後寄回，我們每月將抽選一百名回函讀者寄出精美禮物，並享有生日當月購書優惠！
想知道更多更即時的消息，請搜尋"永續圖書粉絲團"

■ 您也可以使用傳真或是掃描圖檔寄回公司信箱，謝謝。
傳真電話：（02）8647-3660　信箱：yungjiuh@ms45.hinet.net

◆ 姓名：＿＿＿＿＿＿＿＿　□男 □女　□單身 □已婚

◆ 生日：＿＿＿＿＿＿＿＿　□非會員　□已是會員

◆ E-mail：＿＿＿＿＿＿＿＿　電話：(　)＿＿＿＿

◆ 地址：＿＿＿＿＿＿＿＿

◆ 學歷：□高中以下 □專科或大學 □研究所以上 □其他＿＿＿＿

◆ 職業：□學生 □資訊 □製造 □行銷 □服務 □金融
□傳播 □公教 □軍警 □自由 □家管 □其他＿＿＿＿

◆ 閱讀嗜好：□兩性 □心理 □勵志 □傳記 □文學 □健康
□財經 □企管 □行銷 □休閒 □小說 □其他

◆ 您平均一年購書：□ 5本以下 □ 6～10本 □ 11～20本
□21～30本以下 □ 30本以上

◆ 購買此書的金額：＿＿＿＿＿＿

◆ 購自：□連鎖書店 □一般書局 □量販店 □超商 □書展
□郵購 □網路訂購 □其他

◆ 您購買此書的原因：□書名 □作者 □內容 □封面
□版面設計 □其他

◆ 建議改進：□內容 □封面 □版面設計 □其他＿＿＿＿

您的建議：

剪下後傳真、掃描或寄回至「22103新北市汐止區大同路三段194號9樓之1讀品文化收」

廣告回信
基隆郵局登記證
基隆廣字第 55 號

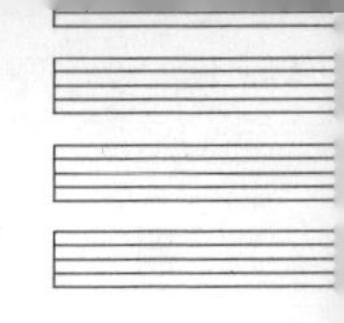

2 2 1 - 0 3

新北市汐止區大同路三段 194 號 9 樓之 1

讀品文化事業有限公司 收

電話/(02)8647-3663　　傳真/(02)8647-3660

劃撥帳號/18669219　　永續圖書有限公司

請沿此虛線對折免貼郵票或以傳真、掃描方式寄回本公司，謝謝！

讀好書品嚐人生的美味

談判與溝通